2025

全国监理工程师（水利工程）学习丛书

建设工程监理概论
（水利工程）

中国水利工程协会　组织编写

·北京·

内 容 提 要

本书根据全国监理工程师职业资格考试水利工程专业科目考试大纲，结合水利工程特点和监理工作实际编写。全书共九章，主要内容包括水利工程建设项目管理概述、水利工程建设项目管理体制、水利工程建设监理单位和人员、水利工程建设监理业务承揽与监理合同、水利工程建设监理组织、监理业务的实施、建设监理信息管理、全过程工程咨询与工程总承包监理、国际工程组织模式与咨询等。

本书具有较强的实用性，可作为全国监理工程师（水利工程）职业资格考试辅导用书，也可作为其他水利工程技术管理人员的培训用书和大专院校相关专业师生的参考用书。

图书在版编目（CIP）数据

建设工程监理概论：水利工程 / 中国水利工程协会组织编写. -- 北京：中国水利水电出版社，2025.1.
（全国监理工程师（水利工程）学习丛书：2025版）.
ISBN 978-7-5226-3094-6

Ⅰ．TV52

中国国家版本馆CIP数据核字第2024ZG0101号

书　名	全国监理工程师（水利工程）学习丛书（2025版） **建设工程监理概论（水利工程）** JIANSHE GONGCHENG JIANLI GAILUN（SHUILI GONGCHENG）
作　者	中国水利工程协会　组织编写
出版发行	中国水利水电出版社 （北京市海淀区玉渊潭南路1号D座　100038） 网址：www.waterpub.com.cn E - mail：sales@mwr.gov.cn 电话：（010）68545888（营销中心）
经　售	北京科水图书销售有限公司 电话：（010）68545874、63202643 全国各地新华书店和相关出版物销售网点
排　版	中国水利水电出版社微机排版中心
印　刷	清淞永业（天津）印刷有限公司
规　格	184mm×260mm　16开本　10.75印张　255千字
版　次	2025年1月第1版　2025年1月第1次印刷
定　价	**46.00元**

凡购买我社图书，如有缺页、倒页、脱页的，本社营销中心负责调换
版权所有·侵权必究

建设工程监理概论（水利工程）（第五版）
编 审 委 员 会

主　　任　　赵存厚

副 主 任　　安中仁　　伍宛生　　聂相田

委　　员　　宋　涛　　张晓利　　尉红侠　　孙　钊　　毛乾屹

　　　　　　张　莉　　周子成　　张译丹　　芦宇彤　　李　健

秘　　书　　官贞秀　　陈丹蕾

序

当前，在以水利高质量发展为主题的新阶段，水利行业深入贯彻落实习近平总书记"节水优先、空间均衡、系统治理、两手发力"治水思路和关于治水重要论述，加快发展水利新质生产力，统筹高质量发展和高水平安全、高水平保护，推动水利高质量发展、保障我国水安全；以进一步全面深化水利改革为动力，着力完善水旱灾害防御体系、实施国家水网重大工程、复苏河湖生态环境、推进数字孪生水利建设、建立健全节水制度政策体系、强化体制机制法治管理，大力提升水旱灾害防御能力、水资源节约集约利用能力、水资源优化配置能力、江河湖泊生态保护治理能力。水利工程建设进入新一轮高峰期，建设投资连续两年突破万亿元，建设项目量大、点多面广，建设任务艰巨，水利工程建设监理队伍面临着新的挑战。水利工程建设监理行业需要积极适应新阶段要求，提供高质量的监理服务。

中国水利工程协会作为水利工程行业自律组织，始终把水利工程监理行业自律管理、编撰专业书籍作为重要业务工作。自2007年编写出版"水利工程建设监理培训教材"第一版以来，已陆续修订了四次。近三年来，水利工程建设领域的一些法律、法规、规章、规范性文件和技术标准陆续出台或修订，适时进行教材修订十分必要。

本版学习丛书主要是在第四版全国监理工程师（水利工程）学习丛书的基础上编写而成的。本版学习丛书总共为9分册，包括：《建设工程监理概论（水利工程）》《建设工程质量控制（水利工程）》《建设工程进度控制（水利工程）》《建设工程投资控制（水利工程）》《建设工程监理案例分析（水利工程）》《水利工程建设安全生产管理》《水土保持监理实务》《水利工程建设环境保护监理实务》《水利工程金属结构及机电设备制造与安装监理实务》。

希望本版学习丛书能更好地服务于全国监理工程师（水利工程）学习、培训、职业资格考试备考，便于从业人员系统、全面和准确掌握监理业务知识，提升解决实际问题的能力，为推动水利高质量发展、保障我国水安全作出新的更大的贡献。

中国水利工程协会

2024年12月6日

前 言

本册《建设工程监理概论（水利工程）》是全国监理工程师（水利工程）学习丛书的组成分册。本版根据考试大纲专业科目内容，在第四版全国监理工程师（水利工程）学习丛书的基础上编写而成，全书共九章。编写过程中结合现行有关法律、法规、规章、规范性文件和标准以及水利工程监理行业近40年发展积累的经验，对原书部分内容进行更新，调整了部分章节结构，新增了BIM、数字孪生等内容。分别阐述了水利工程建设项目管理概述、水利工程建设项目管理体制、水利工程建设监理单位和人员、水利工程建设监理业务承揽与监理合同、水利工程建设监理组织、监理业务的实施、建设监理信息管理、全过程工程咨询与工程总承包监理、国际工程组织模式与咨询等相关内容。

本书由辽宁水利土木工程咨询有限公司张晓利主编、统稿，第一章、第二章、第三章由张晓利、李健、孙钊修订，第四章、第五章由张晓利、李健、毛乾屹修订，第六章、第七章由孙钊、尉红侠修订，第八章、第九章由张莉、周子成修订。全书由中水淮河规划设计研究有限公司伍宛生、华北水利水电大学聂相田主审，沈继华、何建新、刘英杰、黄忠赤等参与审核。

本书编写中参考和引用了参考文献中的部分内容，谨向这些文献的作者致以衷心的感谢！

限于作者水平，书中难免有不妥之处，恳请读者批评指正。

编 者

2024年12月5日

目 录

序
前言

第一章 水利工程建设项目管理概述 ⋯⋯⋯⋯⋯⋯⋯⋯⋯⋯⋯⋯⋯⋯⋯⋯⋯⋯⋯ 1
   第一节 建设项目管理概述 ⋯⋯⋯⋯⋯⋯⋯⋯⋯⋯⋯⋯⋯⋯⋯⋯⋯⋯⋯⋯⋯ 1
   第二节 水利工程建设程序 ⋯⋯⋯⋯⋯⋯⋯⋯⋯⋯⋯⋯⋯⋯⋯⋯⋯⋯⋯⋯⋯ 4
   第三节 水利工程建设法律法规知识 ⋯⋯⋯⋯⋯⋯⋯⋯⋯⋯⋯⋯⋯⋯⋯⋯⋯ 9
   第四节 水利工程建设监理规范 ⋯⋯⋯⋯⋯⋯⋯⋯⋯⋯⋯⋯⋯⋯⋯⋯⋯⋯⋯ 20
   思考题 ⋯⋯⋯⋯⋯⋯⋯⋯⋯⋯⋯⋯⋯⋯⋯⋯⋯⋯⋯⋯⋯⋯⋯⋯⋯⋯⋯⋯⋯ 22

第二章 水利工程建设项目管理体制 ⋯⋯⋯⋯⋯⋯⋯⋯⋯⋯⋯⋯⋯⋯⋯⋯⋯⋯⋯ 23
   第一节 项目法人责任制 ⋯⋯⋯⋯⋯⋯⋯⋯⋯⋯⋯⋯⋯⋯⋯⋯⋯⋯⋯⋯⋯⋯ 23
   第二节 招标投标制 ⋯⋯⋯⋯⋯⋯⋯⋯⋯⋯⋯⋯⋯⋯⋯⋯⋯⋯⋯⋯⋯⋯⋯⋯ 26
   第三节 建设监理制 ⋯⋯⋯⋯⋯⋯⋯⋯⋯⋯⋯⋯⋯⋯⋯⋯⋯⋯⋯⋯⋯⋯⋯⋯ 33
   思考题 ⋯⋯⋯⋯⋯⋯⋯⋯⋯⋯⋯⋯⋯⋯⋯⋯⋯⋯⋯⋯⋯⋯⋯⋯⋯⋯⋯⋯⋯ 43

第三章 水利工程建设监理单位和人员 ⋯⋯⋯⋯⋯⋯⋯⋯⋯⋯⋯⋯⋯⋯⋯⋯⋯⋯ 44
   第一节 监理单位概述 ⋯⋯⋯⋯⋯⋯⋯⋯⋯⋯⋯⋯⋯⋯⋯⋯⋯⋯⋯⋯⋯⋯⋯ 44
   第二节 水利工程建设监理单位资质和业务范围 ⋯⋯⋯⋯⋯⋯⋯⋯⋯⋯⋯⋯ 49
   第三节 监理单位资质管理 ⋯⋯⋯⋯⋯⋯⋯⋯⋯⋯⋯⋯⋯⋯⋯⋯⋯⋯⋯⋯⋯ 53
   第四节 水利工程建设监理人员 ⋯⋯⋯⋯⋯⋯⋯⋯⋯⋯⋯⋯⋯⋯⋯⋯⋯⋯⋯ 55
   思考题 ⋯⋯⋯⋯⋯⋯⋯⋯⋯⋯⋯⋯⋯⋯⋯⋯⋯⋯⋯⋯⋯⋯⋯⋯⋯⋯⋯⋯⋯ 64

第四章 水利工程建设监理业务承揽与监理合同 ⋯⋯⋯⋯⋯⋯⋯⋯⋯⋯⋯⋯⋯⋯ 65
   第一节 建设监理合同概述 ⋯⋯⋯⋯⋯⋯⋯⋯⋯⋯⋯⋯⋯⋯⋯⋯⋯⋯⋯⋯⋯ 65
   第二节 标准监理招标文件 ⋯⋯⋯⋯⋯⋯⋯⋯⋯⋯⋯⋯⋯⋯⋯⋯⋯⋯⋯⋯⋯ 66
   第三节 监理业务的承揽 ⋯⋯⋯⋯⋯⋯⋯⋯⋯⋯⋯⋯⋯⋯⋯⋯⋯⋯⋯⋯⋯⋯ 73
   第四节 监理费用计算 ⋯⋯⋯⋯⋯⋯⋯⋯⋯⋯⋯⋯⋯⋯⋯⋯⋯⋯⋯⋯⋯⋯⋯ 77
   思考题 ⋯⋯⋯⋯⋯⋯⋯⋯⋯⋯⋯⋯⋯⋯⋯⋯⋯⋯⋯⋯⋯⋯⋯⋯⋯⋯⋯⋯⋯ 79

第五章 水利工程建设监理组织 ⋯⋯⋯⋯⋯⋯⋯⋯⋯⋯⋯⋯⋯⋯⋯⋯⋯⋯⋯⋯⋯ 81
   第一节 组织的基本原理 ⋯⋯⋯⋯⋯⋯⋯⋯⋯⋯⋯⋯⋯⋯⋯⋯⋯⋯⋯⋯⋯⋯ 81
   第二节 建设项目监理组织模式 ⋯⋯⋯⋯⋯⋯⋯⋯⋯⋯⋯⋯⋯⋯⋯⋯⋯⋯⋯ 84
   第三节 监理大纲、监理规划及监理实施细则 ⋯⋯⋯⋯⋯⋯⋯⋯⋯⋯⋯⋯⋯ 92

思考题 …………………………………………………………………………… 98
第六章　监理业务的实施 …………………………………………………………… 100
　第一节　施工监理的基本程序、方法和制度 ………………………………… 100
　第二节　施工准备阶段的监理工作 …………………………………………… 103
　第三节　施工阶段的监理工作 ………………………………………………… 106
　第四节　缺陷责任期的监理工作 ……………………………………………… 114
　第五节　其他专业监理工作 …………………………………………………… 115
　　思考题 …………………………………………………………………………… 120
第七章　建设监理信息管理 ………………………………………………………… 121
　第一节　建设监理信息管理的基本概念 ……………………………………… 121
　第二节　建设监理文档管理 …………………………………………………… 125
　第三节　建设监理信息管理要求 ……………………………………………… 128
　第四节　BIM 技术与数字孪生技术 …………………………………………… 132
　　思考题 …………………………………………………………………………… 134
第八章　全过程工程咨询与工程总承包监理 …………………………………… 136
　第一节　全过程工程咨询概述 ………………………………………………… 136
　第二节　全过程工程咨询实施与工程监理 …………………………………… 138
　第三节　工程总承包监理工作实施 …………………………………………… 140
　　思考题 …………………………………………………………………………… 145
第九章　国际工程组织模式与咨询 ……………………………………………… 146
　第一节　国际工程组织模式 …………………………………………………… 146
　第二节　咨询工程师 …………………………………………………………… 155
　　思考题 …………………………………………………………………………… 158
参考文献 ………………………………………………………………………………… 159

第一章　水利工程建设项目管理概述

第一节　建设项目管理概述

一、建设项目相关概念

(一) 项目的含义及其特征

"项目"一词广泛地被人们应用于社会经济和文化生活的各个方面，它是指在一定的约束条件下，具有特定的明确目标的一次性事业（或活动）。

项目所表示的事业或活动十分广泛，如技术更新改造项目、新产品开发项目、科研项目等。在工程领域，项目一般专指工程建设项目，如修建一座水电站、一所学校、一条公路等具有质量、工期和投资目标要求的一次性工程建设活动过程及成果。

项目的定义有很多，从不同方面分别对项目进行了不同的抽象性概括和描述，这也体现了"项目"所表示事物的广泛性和丰富的内涵。概括起来，项目一般具有如下特征。

1. 目标性

任何一个项目，不论是大型项目、中型项目，还是小型项目，都必须有明确的特定目标。如工程建设项目的功能要求，即项目提供或增加一定的生产能力，或形成具有特定使用价值的固定资产和创造的效益。例如，修建一座水电站，其目标表现为建成后应具有发电能力，发挥其经济效益和社会效益等。

2. 一次性和单件性

所谓一次性，是指项目实施过程的一次性，它区别于周而复始的重复性活动。一个项目完成后，不会再安排实施与之具有完全相同开发目的、条件和最终成果的项目。项目作为一次性事业，其成果具有明显的单件性。它不同于现代工业化的大批量生产，因此，作为项目的决策者与管理者，只有认识到项目的一次性和单件性的特点，才能有针对性地根据项目的具体情况和条件，采取科学的管理方法和手段，实现预期目标。

3. 受人力、物力、时间及其他条件制约

任何项目的实施，均受到相关条件的制约。就一个工程项目建设而言，就有开工、竣工时间要求的限制，有劳动力、资金和其他物资供应的制约，以及受到所在国家的法律和工程建设所在地的自然、社会环境等影响。

(二) 建设项目的概念及其特殊性

1. 建设项目的概念

任何工程项目的运营，都必须具备必要的固定资产和流动资产。固定资产是指在社会再生产过程中，可供较长时间反复使用，使用年限在一年以上，单位价值在规定的限额以上，并在其使用过程中基本上不改变原有实物形态的劳动资料和物质资料，如水工建筑物、电气设备、金属结构设备等。为了保证社会再生产的顺利进行和发展，必须进行固定资产再生产，包括简单再生产和扩大再生产。

基本建设即固定资产的建设，包括建筑、安装和购置固定资产的活动，以及与之相关的工作。它是固定资产的扩大再生产，在国民经济活动中成为一类行业，区别于工业、商业、文教、医疗等。

建设项目是指为完成依法立项的新建、扩建、改建等各类工程而进行有起止日期、达到规定要求的一组相互关联的受控活动组成的特定过程及成果，包括策划、勘察、设计、采购、施工、试运行、竣工验收和考核评价等。

2. 建设项目的特殊性

建设项目的特殊性主要从成果（建设产品）和活动过程（工程建设）这两个方面来体现。

（1）建设产品的特殊性。

1）整体性。建设产品的整体性表现在以下几方面：

a. 它是由许多材料、半成品和产成品经加工装配而组成的综合物。例如一座水电站，是由土石料、混凝土、钢材、水轮发电机组以及其他各种机电设备组成的。

b. 它是由许多个人和单位分工协作、共同劳动的总成果。例如参与工程建设的除项目法人单位外，还有设计单位、施工单位、设备材料生产供应单位、咨询单位、监理单位等。

c. 它是由许多具有不同功能的建筑物有机结合成的完整体系。如水电站工程不仅包括发电、输变电系统，而且包括水库、引水系统、泄水系统等有关建筑物，另外还包括相应的生活、后勤服务设施等。

2）固定性。一般的工农业产品可以流动，消费使用空间不受限制。而建设产品只能固定在建设场址使用，不能移动。

（2）工程项目建设的特殊性。

1）建设周期长。由于建设产品规模大，建设期间要耗用大量的资源，加之建设产品的生产环境复杂多变，受自然条件影响大，所以，工程项目建设周期长，通常需要几年至十几年。一方面，在如此长的建设周期中，不能提供完整产品，不能发挥完全效益，造成了大量的人力、物力和资金的长期占用；另一方面，由于建设周期长，受政治、社会与经济、自然等因素影响大。

2）建设过程的连续性和协作性。工程建设的各阶段、各环节、各协作单位及各项工作，必须按照统一的建设计划有机地组织起来，在时间上不间断，在空间上不脱节，使建设活动有条不紊地顺利进行。如果某个环节的工作遭到破坏和中断，就会导致该工作停工，甚至波及其他工作，造成人力、物力、财力的积压，并可能导致工期拖延和项目不能按时投产使用。

3）施工的流动性。建设产品的固定性决定了施工队伍的流动性。建设产品只能固定在使用地点，那么施工人员及机械就必然要随建设对象的不同而经常流动转移。一个项目建成后，建设者和施工机械就得转移到下一个项目的工地上去。

4）受自然和社会条件的制约性。一方面，由于建设产品的固定性，工程施工多为露天作业；另一方面，在建设过程中，需要投入大量的人力和物资。因此，工程建设受地形、地质、水文、气象等自然因素以及材料、水电、交通、生活等社会条件的影响很大。

二、建设项目管理

（一）建设项目管理的概念

管理是社会活动中的一种普遍的活动。管理的必要性主要体现在以下两个方面：

（1）管理是共同劳动的产物，是社会化大生产的必然要求。当人们独立从事各种活动就能满足个人的需要时，个人可以单独地决定其行动计划，并加以执行和对执行结果加以控制。但是，为了达到个人无法实现的目标，需要社会化的共同劳动后，出现了社会劳动分工与协作，于是，劳动过程中的"计划、决策、指挥、监督、协调"等功能日益明显起来，随之出现了脑力劳动与体力劳动的分工，进而出现了组织的层次和权力与职责，即出现了管理。

（2）管理是提高劳动生产率、资源合理利用的重要手段。根据建设工程管理的职能，建设项目管理概括为：在建设项目生命周期内所进行的计划、组织、协调、控制等管理活动，其目的是在一定的约束条件下最优地实现项目建设的预定目标。从社会劳动与个体劳动的区别可以看出，管理者通过有效的计划、组织、控制等工作，合理利用人力、物力资源，可以用较少的投入和消耗，获得更多的产出，提高经济效益。

（二）建设项目管理的职能

1. 计划职能

计划职能是全部管理职能中最基本的一项职能，也是管理各职能中的首要职能。项目的计划管理，就是把项目目标、全过程和全部活动纳入计划轨道，用一个动态的计划系统来协调控制整个项目的进程，随时发现问题、解决问题，使建设项目协调有序地达到预期的目标。

计划有两个基本含义：一是计划工作，即确定项目的目标及实现这一目标过程中的子目标和具体工作内容；二是计划方案，即根据实际情况，通过科学预测与决策，权衡客观的需要和主观的可能，提出在未来一定时期内要达到的目标以及实现目标的途径。

2. 组织职能

组织职能是项目建设计划和目标得以实现的基本保证，包括两个方面：①组织结构，即根据项目的管理目标和内容，通过项目各有关部门的分工与协作、权利与责任，建立项目实施的组织结构；②组织行为，即通过制度、秩序、纪律、指挥、协调、公平、利益与报酬、奖励与惩罚等组织职能，建立团结与和谐的团队精神，充分发挥个人与集体的能动作用，激励个人与集体的创新精神。

3. 协调职能

项目在不同阶段、不同部门、不同层次之间存在大量的工作界面，这些工作界面之间的协商与沟通是项目管理的重要职能。协调的前提在于不同阶段、部门或层次之间存在利益联系与利益冲突；协调的依据是建设项目的批准文件和设计文件以及规定这些不同主体之间利益关系的合同；协调的目的是正确处理项目建设过程中总目标与阶段目标、全局利益与局部利益之间的关系，保证项目建设的顺利进行。

在项目建设实施过程中，与当地政府各有关部门之间存在多方面的联系。因此，必须做好项目建设的外部协调工作，为项目建设提供良好的外部保证和建设环境。

4. 控制职能

控制职能是指在项目建设实施过程中，根据项目建设的目标（质量、投资、进度）计划，通过监督、检查、对比分析、反馈调整，对项目实行有效的控制，是项目管理的重要职能。项目控制的方式是在项目计划实施过程中，通过预测、预控和检查、监督项目目标的实现情况，并将其与计划目标值对比，若实际与计划目标之间出现偏差，则应分析其产生的原因，及时采取措施纠正偏差，力争使实际执行情况与计划目标值之间的差距减小到最低程度，确保项目目标的圆满实现。建设项目的主要控制目标一般包括质量控制、工期控制和投资控制。

三、水利工程

水利工程是指对自然界的地表水和地下水进行控制、治理、调配、保护、开发利用，以达到除害兴利的目的而修建的工程。水是人类生产和生活必不可少的宝贵资源，但其自然存在的状态并不完全符合人类的需要，因此需要修建水利工程。根据《水利水电工程等级划分及防洪标准》（SL 252—2017）的规定，水利工程按照功能可分为防洪、治涝、灌溉、发电、供水等。根据《水利工程设计概（估）算编制规定》（水总〔2014〕429号），按照工程性质，可划分为三大类，分别是枢纽工程、引水工程、河道工程，如图1-1所示。

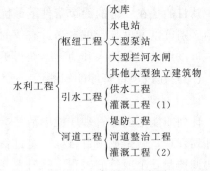

图1-1 水利工程类型

第二节 水利工程建设程序

一、水利工程建设程序的概念

水利工程建设程序是指由行政性法规、规章所规定的，进行水利工程基本建设所必须遵循的阶段及其先后顺序。这个程序是人们在认识客观规律，科学地总结了建设工作的实践经验的基础上，结合经济管理体制制定的。它反映了项目建设所固有的客观规律和经济规律，体现了现行建设管理体制的特点，是建设项目科学决策和顺利进行的重要保证。国家通过制定有关法规，把整个基本建设过程划分为若干个阶段，规定每一阶段的工作内容、原则以及审批权限。建设程序既是基本建设应遵循的准则，也是国家对基本建设进行监督管理的手段之一，它是国家计划管理、宏观资源配置的需要，也是主管部门对项目各阶段监督管理的需要。

二、水利工程建设程序管理要求

我国的工程项目建设程序是在社会主义建设中，随着人们对项目建设认识的日益深化而逐步建立、发展起来的，并随着我国经济体制改革的深入得到进一步完善。

1995年，水利部发布《水利工程建设项目管理规定（试行）》（水建〔1995〕128号），2016年8月1日，《水利部关于废止和修改部分规章的决定》（第二次修正）对其中的水利工程建设程序进行了调整。

根据《水利工程建设项目管理规定（试行）》和《水利工程建设程序管理暂行规定》的规定，水利工程建设程序一般分为项目建议书、可行性研究报告、施工准备、初步设计、建设实施、生产准备、竣工验收、后评价等8个阶段。

2019年，国务院发布了《政府投资条例》（国务院令第712号），对于政府投资项目的建设程序以行政法规的形式进行了规定。要求政府采取直接投资方式、资本金注入方式投资的项目（以下统称"政府投资项目"），项目单位应当编制项目建议书、可行性研究报告、初步设计，按照政府投资管理权限和规定的程序，报投资主管部门或者其他有关部门审批。项目单位应当加强政府投资项目的前期工作，保证前期工作的深度达到规定的要求，并对项目建议书、可行性研究报告、初步设计以及依法应当附具的其他文件的真实性负责。政府投资项目开工建设，应当符合《政府投资条例》和有关法律、行政法规规定的建设条件；不符合规定的建设条件的，不得开工建设。国务院规定应当审批开工报告的重大政府投资项目，按照规定办理开工报告审批手续后方可开工建设。

《国务院投资体制改革的决定》（国发〔2004〕20号文）中明确了要转变政府管理职能，确立企业的投资主体地位。改革项目审批制度，落实企业投资自主权。彻底改革现行的不分投资主体、不分资金来源、不分项目性质，一律按投资规模大小分别由各级政府及有关部门审批的企业投资管理办法。对于企业不使用政府投资建设的项目，一律不再实行审批制，区别不同情况实行核准制和备案制。其中，政府仅对重大项目和限制类项目从维护社会公共利益角度进行核准，其他项目无论规模大小，均改为备案制。

对于政府核准制的项目，严格限定实行政府核准制的范围，并根据变化的情况适时调整。《政府核准的投资项目目录》由国务院投资主管部门会同有关部门研究提出，报国务院批准后实施。未经国务院批准，各地区、各部门不得擅自增减目录规定的范围。企业投资建设实行核准制的项目，仅需向政府提交项目申请报告，不再经过批准项目建议书、可行性研究报告和开工报告的程序。政府对企业提交的项目申请报告，主要从维护经济安全、合理开发利用资源、保护生态环境、优化重大布局、保障公共利益、防止出现垄断等方面进行核准。对于外商投资项目，政府还要从市场准入、资本项目管理等方面进行核准。

备案制的项目是指对于《政府核准的投资项目目录》以外的企业投资项目，实行备案制，除国家另有规定外，由企业按照属地原则向地方政府投资主管部门备案。备案制的具体实施办法由省级人民政府自行制定。

扩大大型企业集团的投资决策权。基本建立现代企业制度的特大型企业集团，投资建设《政府核准的投资项目目录》内的项目，可以按项目单独申报核准，也可编制中长期发展建设规划，规划经国务院或国务院投资主管部门批准后，规划中属于目录内的项目不再另行申报核准，只需办理备案手续。企业集团要及时向国务院有关部门报告规划执行和项目建设情况。

2016年，《国务院关于发布〈政府核准的投资项目目录（2016年版）〉的通知》（国发〔2016〕72号）规定企业投资建设本目录内的固定资产投资项目，须按照规定报送有关项目核准机关核准。企业投资建设本目录外的项目，实行备案管理。事业单位、社会团体等投资建设的项目，按照本目录执行。其中水利工程需要政府核准的目录为涉及跨界河流、跨省（自治区、直辖市）水资源配置调整的重大水利项目由国务院投资主管部门核准，其中库容10亿立方米及以上或者涉及移民1万人及以上的水库项目由国务院核准，其余项目由地方政府核准。各省级人民政府根据国务院的有关规定，分别制定本行政区域内政府核准的投资项目目录。

根据《水利工程建设程序管理暂行规定》《政府投资条例》，水利工程建设项目各阶段工作要求如下。

（一）项目建议书阶段

项目建议书是对拟进行建设项目的初步说明和建议文件，是基本建设程序中最初阶段的工作，是投资决策前对拟建项目的轮廓设想。项目建议书应根据国民经济和社会发展长远规划、流域综合规划、区域综合规划、专业规划，按照国家产业政策和国家有关投资建设方针进行编制。《政府投资条例》规定，政府投资的项目，其项目建议书应提出项目建设的必要性。

水利工程的项目建议书编制按照《水利水电工程项目建议书编制规程》（SL 617—2021）进行。项目建议书编制完成后，按国家现行规定的建设总规模和限额的划分审批权限向主管部门申报审批。

项目建议书被批准后，由政府向社会公布，若有投资建设意向，应及时组建项目法人筹建机构，开展工程建设工作。

（二）可行性研究报告阶段

可行性研究在批准的项目建议书基础上进行，应对项目进行方案比较，按技术上是否可行和经济上是否合理来进行科学的分析和论证。可行性研究报告由项目法人（或筹备机构）组织编制。

《政府投资条例》规定，政府投资的可行性研究报告应分析项目的技术经济可行性、社会效益以及项目资金等主要建设条件的落实情况。

可行性研究报告是在可行性研究的基础上编制的一个重要文件。水利工程建设项目的可行性研究报告应按照《水利水电工程可行性研究报告编制规程》（SL 618—2021）编制。可行性研究报告的主要内容有建设项目的目标与依据、建设规模、建设条件、建设地点、资金来源、综合利用要求、环保评估、建设工期、投资估算、经济评价、工程效益、存在的问题和解决方法等。

可行性研究报告按国家现行规定的审批权限报批。根据规定，申报项目可行性研究报告，必须同时提出项目法人组建方案及运行机制、资金筹措方案、资金结构及回收资金的办法。可行性研究报告经批准后，不得随意修改和变更，在主要内容上有重要变动，应经原批准机构复审同意。经批准的可行性研究报告，是项目决策和进行初步设计的依据。

项目可行性研究报告批准后，应正式成立项目法人，并按项目法人责任制实行项目管理。

（三）施工准备阶段

为加快推进水利工程建设，更好发挥水利建设投资的带动效应，2024年水利部下发了《水利部关于进一步优化调整水利工程建设项目施工准备工程开工条件的通知》（水建设〔2024〕90号，以下简称《通知》）。《通知》要求，水利工程建设项目可行性研究报告已经批准，环境影响评价文件已经批准，年度投资计划已经下达或建设资金已经落实，项目法人即可组织开工建设施工准备工程。施工准备工程建设包括以下内容：

（1）现场征地、拆迁。

（2）进场道路及场内交通工程。

（3）施工供电、供水、供风、通信、火工材料和油料仓储设施、施工支洞、场地平整等临时工程。

（4）料场开采、砂石加工、混凝土生产、大型施工机械设备土建及安装、施工导流以及经批准的应急工程、试验工程等专项工程。

（5）生产生活所必需的其他临时建筑工程。

关于施工准备工程的实施，《通知》要求项目法人应充分考虑可行性研究报告批准到初步设计报告批准之间的工作周期，按初步设计深度编制施工准备工程实施方案。实施方案编制应与初步设计做好衔接，合理确定施工准备工程建设内容和规模。

项目法人要加强与初步设计审批部门、概算核定部门的沟通协调，将施工准备工程投资纳入初步设计概算。实施方案经项目主管部门或流域管理机构组织技术审查同意后，项目法人即可组织施工准备工程项目实施。根据《中华人民共和国招标投标法》及其实施条例相关规定，需要进行招标投标的施工准备工程，项目法人按照实施方案依法组织开展招标投标工作。

（四）初步设计阶段

设计是对拟建工程的实施在技术上和经济上所进行的全面而详细的安排，是基本建设计划的具体化，是整个工程的决定环节，是组织施工的依据。它直接关系着工程质量和将来的使用效果。《政府投资条例》规定，政府投资的初步设计及其提出的投资概算应符合可行性研究报告批复以及国家有关标准和规范的要求。

初步设计是根据批准的可行性研究报告在取得可靠的基本资料的基础上，进行方案技术设计。

水利工程建设项目的初步设计，应根据充分利用水资源、综合利用工程设施和就地取材的原则，通过不同方案的分析比较，论证本工程及主要建筑物的等级标准，选定坝

（闸）址，确定工程总体布置方案、主要建筑物形式和控制性尺寸、水库各种特征水位、装机容量、机组机型，制定施工导流方案、主体工程施工方法、施工总进度及施工总布置以及对外交通、施工动力和工地附属企业规划，并进行选定方案的设计和设计概算的编制。

初步设计任务应由项目法人按规定方式选择符合项目需求资质的设计单位承担，按照《水利水电工程初步设计报告编制规程》（SL/T 619—2021）编制。设计单位必须严格保证设计质量，承担初步设计的合同责任。初步设计文件报批前，一般须由项目法人委托工程咨询机构或组织行业各方面的专家，对初步设计文件进行补充、修改、优化。初步设计由项目法人组织审查后，按照国家现行规定权限向主管部门申报审批。初步设计文件经批准后，作为项目建设实施的技术文件基础，主要内容不得随意修改、变更。如有重要修改、变更，须经原审批机关复审同意。

经投资主管部门或者其他有关部门核定的投资概算是控制政府投资项目总投资的依据。初步设计提出的投资概算超过经批准的可行性研究报告投资估算10%的，项目主管部门应当向可行性研究报告审批部门报告，并按审批部门要求重新报送可行性研究报告。

（五）建设实施阶段

建设实施阶段是指主体工程的建设实施，即项目法人按照批准的建设文件，组织工程建设，保证项目建设目标的实现。要按照"政府监督、项目法人负责、社会监理、企业保证"的要求，建立健全质量管理体系。重要建设项目，须设立质量监督项目站，行使政府对项目建设的监督职能。

项目法人要充分发挥建设管理的主导作用，为施工创造良好的建设条件。项目法人要充分授权工程监理单位，使之能独立负责项目的建设工期、质量、资金、安全的管理活动和现场施工的组织协调。监理单位的选择应符合《水利工程建设监理规定》的要求。

水利工程的开工时间是指建设项目设计文件中规定的任何一项永久性工程中第一次正式破土动工的时间。工程地质勘察，平整土地，临时导流工程，临时建筑，施工用临时道路、水、电等施工，均不属于正式开工的标志。水利工程具备《水利工程建设项目管理规定（试行）》规定的开工条件后，主体工程方可开工建设。项目法人或者建设单位应当自工程开工之日起15个工作日内，将开工情况的书面报告报项目主管单位和上一级主管单位备案。主体工程开工，必须具备以下条件：

(1) 项目法人或者建设单位已经设立。
(2) 初步设计已经批准，施工详图设计满足主体工程施工需要。
(3) 建设资金已经落实。
(4) 主体工程施工单位和监理单位已经确定，并分别订立了合同。
(5) 质量安全监督单位已经确定，并办理了质量安全监督手续。
(6) 主要设备和材料已经落实来源。
(7) 施工准备和征地移民等工作满足主体工程开工需要。

（六）生产准备阶段

生产准备是项目投产前所要进行的一项重要工作，是建设实施阶段转入生产阶段的必要条件。项目法人应按照建管结合和项目法人责任制的要求,适时做好有关生产准备工作。生产准备应根据不同类型的工程要求确定,一般应包括如下主要内容:

(1) 生产组织准备。建立生产经营的管理机构及相应管理制度。

(2) 招收和培训人员。按照生产运营的要求,配备生产管理人员,并通过多种形式的培训,提高人员素质,使之能满足运营要求。生产管理人员要尽早介入工程的施工建设,参加设备的安装调试,熟悉情况,掌握好生产技术和工艺流程,为顺利衔接建设实施阶段和生产阶段做好准备。

(3) 生产技术准备。主要包括技术资料的汇总、运行技术方案的制定、岗位操作规程制定和新技术准备。

(4) 生产的物资准备。主要是落实投产运营所需要的原材料、协作产品、工器具、备品备件和其他协作配合条件的准备。

(5) 正常的生活福利设施准备。

(6) 及时具体落实产品销售合同协议的签订,提高生产经营效益,为偿还债务和资产的保值增值创造条件。

(七) 竣工验收阶段

竣工验收是工程完成建设目标的标志,是全面考核基本建设成果、检验设计和工程质量的重要步骤。竣工验收合格的项目即从基本建设转入生产或使用。

竣工决算编制完成后,须由审计机关组织竣工审计,其审计报告作为竣工验收的基本资料。

对于工程规模较大、技术较复杂的建设项目可先进行初步验收。不合格的工程不予验收;有遗留问题的项目,对遗留问题必须有具体处理意见,且有限期处理的明确要求并落实责任人。

(八) 后评价阶段

建设项目竣工投产后,一般经过1～2年生产运营后,要进行一次系统的项目后评价,主要内容包括:

(1) 影响评价,指项目投产后对各方面的影响进行评价。

(2) 经济效益评价,包括对项目投资、国民经济效益、财务效益、技术进步和规模效益、可行性研究深度等进行评价。

(3) 过程评价,包括对项目的立项、设计施工、建设管理、竣工投产、生产运营等全过程进行评价。

第三节 水利工程建设法律法规知识

一、我国法律规范的形式

我国法律规范的主要形式是规范性文件。规范性文件是相对于非规范性文件而言的。规范性文件是指国家机关在其权限范围内,按照法定程序制定和颁布的含有一定具有普遍约束力的行为规则的文件。非规范性文件是指国家机关在其权限范围内发布的只对个别人或个别事有效而不包含具有普遍约束力的行为规则的文件。广义的规范性文件是指属于法律范畴（即宪法、法律、行政法规、地方法规、规章等）的立法性文件和除此以外由国家机关和其他团体、组织制定的具有约束力的非立法性文件的总和。通常所说的规范性文件指狭义的规范性文件，是指法律范畴以外的其他具有约束力的非立法性文件。

在我国，由于制定规范性文件的国家机关不同，文件的名称和法律效力也不同，依据效力由高到低，依次分为宪法，法律，行政法规，地方性法规、自治条例和单行条例，部门规章和地方政府规章。

（一）宪法

我国的宪法以法律的形式规定了国家的根本制度和根本任务、公民的基本权利和义务以及国家机关等，是我国的根本法，具有最高的法律效力。全国各族人民、一切国家机关和武装力量、各政党和各社会团体、各企业事业组织，都必须以宪法为根本的活动准则，并且具有维护宪法尊严、保证宪法实施的职责。

（二）法律

法律分为基本法律和其他法律。基本法律是指由全国人民代表大会制定和修改的刑事、民事、国家机构的法律。其他法律是指全国人民代表大会常务委员会制定和修改的除应由全国人民代表大会制定的法律。法律解释权属于全国人民代表大会常务委员会，法律解释同法律具有同等效力。

（三）行政法规

行政法规是指国务院根据宪法和法律而制定的规范性文件。行政法规由国务院组织起草，其决定程序依照《中华人民共和国国务院组织法》的有关规定办理，一般经国务院常务会议审议通过，由国务院总理签署国务院令发布、施行。

（四）地方性法规、自治条例和单行条例

1. 地方性法规

地方性法规包括省级地方性法规和较大的市地方性法规。较大的市是指省、自治区的人民政府所在地的市、经济特区所在地的市和经国务院批准的较大的市。

省级地方性法规是指省、自治区、直辖市的人民代表大会及常务委员会根据本行政区域的具体情况和实际需要，在不与宪法、法律、行政法规相抵触的前提下制定的规范性文件。由省级人民代表大会及其常务委员会制定的地方性法规，分别由大会主席团和常务委员会发布公告予以公布。

较大的市地方性法规是指较大的市的人民代表大会及常务委员会根据本市的具体情况和实际需要，在不与宪法、法律、行政法规和本省、自治区的地方性法规相抵触的前提下制定的规范性文件。较大的市地方性法规需报省、自治区人民代表大会常务委员会批准后，由较大的市的人民代表大会常务委员会发布公告予以公布。

2. 自治条例和单行条例

民族自治地方的人民代表大会有权依照当地民族的政治、经济和文化特点，制定自治条例和单行条例，对法律和行政法规的规定作出变通规定，但不得违背规律和行政法规的基本原则，不得对宪法和民族区域自治法的规定以及其他法律、行政法规专门就民族自治地方所作的规定作出变通规定。自治区的自治条例和单行条例，报全国人民代表大会常务委员会批准后生效；自治州、自治县的自治条例和单行条例，报省、自治区、直辖市人民代表大会常务委员会批准后生效。自治条例和单行条例经批准后，分别由自治区、自治州、自治县的人民代表大会常务委员会发布公告予以公布。

（五）部门规章和地方政府规章

1. 部门规章

部门规章是指由国务院各部和委员会、中国人民银行、审计署和具有行政管理职能的直属机构，依据法律和国务院行政法规，在本部门的权限范围内制定的规范性文件。部门规章应经部务会议或者委员会会议决定，由部门首长签署命令予以公布。

2. 地方政府规章

地方政府规章是指由省、自治区、直辖市和较大的市的人民政府，依据法律、行政法规和本省、自治区、直辖市的地方性法规制定的规范性文件。地方政府规章应经政府常务会议或全体会议决定，由省长、自治区主席或市长签署命令予以公布。

二、水利工程建设管理法律法规构成

（一）水法规体系

人们在社会生活的各个领域结成广泛的社会关系。法律关系是由法律规范所调整的社会关系，具体表现为法律上的权利义务关系。各种不同的社会关系需要各种不同的法律规范去调整，从而形成各种不同的法律关系。国家根据法律调整对象的不同，把法律划分为若干部门。各个法律部门既有各自的特点，又是相互配合、相互照应的统一体。我国各法律部门的现行法律规范所组成的有机统一体，即为法律体系。

水是一种重要的自然资源和环境要素，是一切生命的源泉，是人类生产生活须臾不可缺少的。1988年1月21日，第六届全国人民代表大会常务委员会第二十四次会议审议通过的《中华人民共和国水法》（以下简称《水法》）的颁布，是中华人民共和国第一部规范水事活动的法律，标志着我国水利事业走上法治化轨道。根据水利部拟定的《水法规体系总体规划》，水法规体系主要涉及水资源开发利用和保护、水土保持、防洪抗旱、工程建设管理和保护、经营管理、执法监督管理、其他等7个方面。

（二）水利工程建设管理法律法规体系

水利工程建设管理法规是由水利工程建设中所发生的各种社会关系（包括水利工程建设管理活动中的行政管理关系、经济协作及其相关关系的民事关系）、规范水利工程建设行为、监督管理水利工程建设活动的法律规范组成的有机统一整体，是水法规体系中7个子体系之一。

水利工程建设管理法规由不同级别的国家机关、地方政府、水行业管理部门制定的对水利工程建设具有一定普遍约束力的文件组成。按照效力高低的不同，可分为法律、行政法规、规章和规范性文件；按照文件的作用不同，可分为综合性法规、建设管理体制法规、项目前期工作管理法规、建设项目监督管理法规、工程质量与安全管理法规、工程验收、资质资格管理法规和其他等。

三、水利工程建设监理相关法律法规

（一）法律

1.《中华人民共和国建筑法》（以下简称《建筑法》）

《建筑法》中适用的建筑工程是指各类房屋建筑及其附属设施的建造和与其配套的线路、管道、设备的安装活动。但《建筑法》第八十一条规定，关于施工许可、建筑施工企业资质审查和建筑工程发包、承包、禁止转包，以及建筑工程监理、建筑工程安全和质量管理的规定，适用于其他专业建筑工程的建筑活动。

《建筑法》是我国工程建设领域的一部大法，以建筑市场管理为中心，以建筑工程质量和安全管理为重点，主要包括建筑许可、建筑工程发包与承包、建筑工程监理、建筑安全生产管理和建筑工程质量管理等方面内容。

《建筑法》规定，国家推行建筑工程监理制度，其中需要强制监理的建筑工程范围，由国务院规定。根据《建筑法》的授权，国务院颁布的《建设工程质量管理条例》中，对强制监理范围进行了规定。此外，《建筑法》还对工程监理的资质、工作程序、职责义务等作出了原则规定。

2.《中华人民共和国招标投标法》（以下简称《招标投标法》）

《招标投标法》围绕招标和投标活动的各个环节，明确了招标方式、招标投标程序及相关各方的职责和义务，主要包括招标、投标、开标、评标和中标等方面内容。

3.《中华人民共和国民法典》（以下简称《民法典》）第三编合同内容

《民法典》第三编指出，合同是民事主体之间设立、变更、终止民事法律关系的协议。《民法典》合同编第一分编通则中明确了合同的订立、合同的效力、合同的履行、合同的保全、合同的变更和转让、合同的权利义务终止、违约责任等事项。第二分编典型合同中明确了19类合同，即：买卖合同；供用电、水、气、热力合同；赠予合同；借款合同；保证合同；租赁合同；融资租赁合同；保理合同；承揽合同；建设工程合同；运输合同；技术合同；保管合同；仓储合同；委托合同；物业服务合同；行纪合同；中介合同；合伙合同。

其中，建设工程合同包括工程勘察、设计、施工合同；建设工程监理合同、项目管理服务合同、全过程咨询合同等属于委托合同。

（二）行政法规、规章

与水利工程建设管理相关的行政法规包括《建设工程质量管理条例》《建设工程安全生产管理条例》《中华人民共和国招标投标法实施条例》《特种设备安全监察条例》《生产安全事故报告和调查处理条例》《政府投资条例》《保障农民工工资支付条例》《生产安全事故应急条例》等。水利部制定的水利工程建设管理相关的部门规章包括《水利工程建设项目管理规定》《水利工程质量管理规定》《水利工程建设安全生产管理规定》《水利工程建设项目验收管理规定》《水利工程建设监理规定》《水利工程建设监理单位资质管理办法》《水利工程质量检测管理规定》等。

1. 质量方面

水利工程施工监理质量管理工作应遵守《建设工程质量管理条例》和《水利工程质量管理规定》的有关要求。

(1)《建设工程质量管理条例》。《建设工程质量管理条例》（国务院令第 279 号）经 2000 年 1 月 10 日国务院第 25 次常务会议通过，2000 年 1 月 30 日发布起施行。《建设工程质量管理条例》是《中华人民共和国建筑法》（以下简称《建筑法》）颁布实施后制定的第一部配套的行政法规，也是我国第一部建设工程质量条例。

1) 制定目的。为了加强对建设工程质量的管理，保证建设工程质量，保护人民生命和财产安全，根据《建筑法》制定了《建设工程质量管理条例》。全文共九章八十二条。2017 年 10 月 7 日根据《国务院关于修改部分行政法规的决定》（国务院令第 687 号）修订。凡在中华人民共和国境内从事建设工程的新建、扩建、改建等有关活动及实施对建设工程质量监督管理的，必须遵守。

2) 适用范围。《建设工程质量管理条例》的适用范围是在中华人民共和国境内（不包括香港、澳门两个特别行政区和台湾地区）从事建设工程活动和监督管理活动。对于建设工程活动来讲，无论投资主体是谁，也无论建设工程项目属于何种类型，只要在中华人民共和国境内实施，都要遵守。

建设工程是指土木工程、建筑工程、线路管道、设备安装工程及装修工程。这里所指的土木工程包括矿山、铁路、公路、隧道、桥梁、堤坝、电站、码头、飞机场、运动场、营造林、海洋平台等工程；建筑工程是指房屋建筑工程，即有顶盖、梁柱、墙壁、基础以及能够形成内部空间，满足人们生产、生活、公共活动的工程实体，包括厂房、剧院、旅馆、商店、学校、医院和住宅等工程；线路、管道和设备安装工程包括电力、通信线路、石油、燃气、给水、排水、供热等管道系统和各类机构设备、装置的安装活动；装修工程包括对建筑物内、外进行以美化、舒适化、增加使用功能为目的工程建设活动。

3) 必须实行监理的项目。对于必须实行监理的项目，《建设工程质量管理条例》作出了以下规定，实行监理的建设工程，建设单位应当委托具有相应资质等级的工程监理单位进行监理，也可以委托具有工程监理相应资质等级并与被监理工程的施工承包单位没有隶属关系或者其他利害关系的该工程的设计单位进行监理。

下列建设工程必须实行监理：

a. 国家重点建设工程。

b. 大中型公用事业工程。

c. 成片开发建设的住宅小区工程。

d. 利用外国政府或者国际组织贷款、援助资金的工程。

e. 国家规定必须实行监理的其他工程。

4) 监理单位的管理。《建设工程质量管理条例》规定，监理单位是工程建设的责任主体之一，工程监理是一种有偿技术服务，监理单位接受建设单位委托，代表建设单位对建设工程进行管理。《建设工程质量管理条例》就监理单位的市场行为准则、工作的服务特性、监理过程中的职责和义务等作了规定，监理单位应当取得相应等级的资质证书，并在其资质等级许可的范围内承担工程监理业务。

a. 监理市场准入。监理单位的设立，须报工程建设监理主管机关进行资质审查，并取得相应的资质等级后，到工商行政管理机关办理工商注册手续。根据监理单位的注册资金、专业技术人员、技术装备和已完成的业绩等条件将其划分为甲、乙两个等级，每一等级承担监理业务的范围不同。监理单位必须在其资质等级许可的范围内，承担监理业务。工程监理单位的资质等级反映了该监理单位从事某项监理业务的资格和能力，是国家对工程监理市场准入管理的重要手段。

b. 禁止违法承揽业务。禁止工程监理单位超越本单位资质等级许可的范围或者以其他工程监理单位的名义承担工程监理业务。禁止工程监理单位允许其他单位或者个人以本单位的名义承担工程监理业务。工程监理单位不得转让工程监理业务。

监理单位的市场行为必须规范。监理单位只能在资质等级许可的范围承担监理业务，这是保证监理工作质量的前提。越级监理、允许其他单位或者个人以本单位的名义承担监理业务等违法行为，将使工程监理变得有名无实，或形成实质上的无证监理，最终会对工程质量造成危害。所以必须明确规定禁止上述行为。

c. 禁止与被监理单位有利害关系。《建设工程质量管理条例》规定，监理单位与被监理工程的施工承包单位以及建筑材料、建筑构配件和设备供应单位有隶属关系或者其他利害关系的，不得承担该项建设工程的监理业务。

监理单位接受项目法人委托，对施工单位以及材料供应单位进行监督检查，因此必须实事求是，遵循客观规律，按工程建设的科学要求进行监理活动，客观、公正地对待各方当事人，认真地进行监督管理。这是对监理单位执行监理任务的基本要求。

由于监理单位与被监理工程的承包单位以及建筑材料、建筑构配件和设备供应单位之间是一种监督与被监督的关系，所以为了保证工程监理单位能客观、公正地执行监理任务，工程监理单位不得与被监理工程的承包单位以及建筑材料、建筑构配件和设备供应单位有隶属关系或者其他利害关系。这里的隶属关系是指工程监理单位与被监理工程的承包单位以及建筑材料、建筑构配件和设备供应单位有行政上下级关系等。其他利害关系，是指监理单位与施工单位或材料供应单位之间存在的可能直接影响监理单位工作公正性的非常明显的经济或其他利益关系，如参股、联营等关系。当出现工程监理单位与被监理工程的承包单位以及建筑材料、建筑构配件和设备供应单位有隶属关系或者其他利害关系的情况时，工程监理单位在接受建设单位委托前，应当自行回避；在接受委托后，发现这一情况时，应当依法解除委托关系。

对于不存在行政上下级关系和参股、联营等非常明显的经济或其他利益关系，法人代表为同一人的情况，虽属于同一母公司所属独立子公司关系的监理企业和施工企业，则可以同时承担同一工程建设项目的监理和施工任务。

5) 监理人员及其工作要求。监理单位应根据所承担的监理任务，组建驻工地监理机构。监理机构一般由总监理工程师、监理工程师和其他监理人员组成。工程监理单位应当选派具备相应资格的总监理工程师和监理工程师进驻施工现场。未经监理工程师签字，建筑材料、建筑构配件和设备不得在工程上使用或者安装，施工单位不得进行下一道工序的施工。未经总监理工程师签字,建设单位不拨付工程款,不进行竣工验收。

6)监理单位质量违法行为的处罚。监理单位对施工质量承担监理责任,主要有违法责任和违约责任两个方面。如果监理单位故意弄虚作假,降低工程质量标准,造成质量事故的,要按照《建筑法》及《建设工程质量管理条例》的规定,承担相应的法律责任。根据《建设工程质量管理条例》第六十七条、第六十八条对监理单位违法责任的规定,工程监理单位与承包单位串通,牟取非法利益,给建设单位造成损失的,应当与承包单位承担连带赔偿责任。如果监理单位在责任期内,不按照监理合同约定履行监理职责,给建设单位或其他单位造成损失的,属于违约责任,应当向建设单位赔偿。

《建设工程质量管理条例》第六十条对监理单位违规行为,作出了处罚规定:

a. 工程监理单位超越本单位资质等级承揽工程的,责令停止违法行为,对工程监理单位处合同约定的监理酬金1倍以上2倍以下的罚款;情节严重的,吊销资质证书;有违法所得的,予以没收。

b. 工程监理单位允许其他单位或者个人以本单位名义承揽工程的,责令改正,没收违法所得,对工程监理单位处合同约定的监理酬金1倍以上2倍以下的罚款;可以责令停业整顿,降低资质等级。情节严重的,吊销资质证书。

未取得资质证书承揽工程的,予以取缔,依照规定处以罚款;有违法所得的,予以没收。

以欺骗手段取得资质证书承揽工程的,吊销资质证书,依照规定处以罚款;有违法所得的,予以没收。

c. 工程监理单位转让工程监理业务的,责令改正,没收违法所得,处合同约定的监理酬金25%以上50%以下的罚款;可以责令停业整顿,降低资质等级;情节严重的,吊销资质证书。监理单位转让、出借资质证书或以其他方式允许他人以本单位名义承揽工程业务,将造成建设工程实际需要的资金、人才、设备、技术、管理等保证能力达不到预期的要求,从而导致工程质量保证体系失控,质量保证能力下降。如果借用名义承包的单位和个人不熟悉建设技术业务,将导致工程质量失控,甚至产生严重质量事故,危及国家、公众、投资者的利益,因此不仅要对违法行为责令改正,还必须给予必要的行政处罚。

d. 工程监理单位在实施监理过程中,有下列行为之一的,责令改正,处50万元以上100万元以下的罚款,降低资质等级或者吊销资质证书;有违法所得的,予以没收;造成损失的,承担连带赔偿责任。

①与建设单位或者施工单位串通,弄虚作假、降低工程质量的。

②将不合格的建设工程、建筑材料、建筑构配件和设备按照合格签字的。

e. 工程监理单位与被监理的施工单位以及建筑材料、建筑构配件和设备供应单位有隶属关系或者其他利害关系的,建设行政主管部门应责令其改正,即与之脱离关系,或放弃该项工程的监理工作;同时,视情节处5万元以上10万元以下的罚款,降低资质等级或者吊销资质证书;有违法所得的,予以没收。

f. 因监理工程师等注册执业人员过错造成质量事故的,责令停止执业一年;造成重大质量事故的,吊销执业资格证书,五年以内不予注册,情节特别恶劣的,终身不予注册。

凡注册执业人员一经吊销执业资格证书，就不得再从事该项建筑业务活动，因此，这是一项很严厉的处罚。

g. 工程监理单位违反国家规定，降低工程质量标准，造成重大安全事故，构成犯罪的，对直接责任人员依法追究刑事责任。建设工程质量关系到国家和社会的公共利益，关系到广大人民群众的切身利益。提高建设工程的质量是促进国民经济发展的一个重要因素，也是建筑业进一步发展的关键。

建设、勘察、设计、施工、工程监理单位的工作人员因调动工作、退休等原因离开该单位后，被发现在该单位工作期间违反国家有关建设工程质量管理规定，造成重大工作质量事故的，仍应当依法追究其法律责任。这是对建设工程参与各方人员违反法律，造成严重后果者的法律处罚行为进行追溯处罚的规定，也是国务院以行政法规的方式对工程质量终身责任制的表述。

《中华人民共和国刑法》（以下简称《刑法》）规定，对包括监理单位在内的参建单位，违反国家规定，降低工程质量标准，造成重大安全事故的，对直接责任人员处五年以下有期徒刑或拘役，并处罚金；后果特别严重的，处五年以上十年以下有期徒刑，并处罚金。

(2)《水利工程质量管理规定》。《水利工程质量管理规定》是为了加强水利工程质量管理，保证水利工程质量，推动水利工程建设高质量发展，根据《中华人民共和国建筑法》《建设工程质量管理条例》《建设工程勘察设计管理条例》等法律、行政法规而制定的水利行业工程建设质量管理的部门规章，从事水利工程建设（包括新建、扩建、改建、除险加固等）有关活动及其质量监督管理应当遵守。2023年，水利部对《水利工程质量管理规定》进行了修订，并以水利部令第52号发布，其中关于监理的有关要求如下：

1) 水利工程监理的质量责任。水利工程质量实行项目法人（建设单位）负责、监理单位控制、施工单位保证与政府监督相结合的质量管理体制，明确了监理单位水利工程质量控制的责任。

根据《水利工程质量管理规定》，项目法人或者建设单位对水利工程质量承担首要责任。勘察、设计、施工、监理单位对水利工程质量承担主体责任，分别对工程的勘察质量、设计质量、施工质量和监理质量负责。检测、监测单位以及原材料、中间产品、设备供应商等单位依据有关规定和合同，分别对工程质量承担相应责任。项目法人、勘察、设计、施工、监理、检测、监测单位以及原材料、中间产品、设备供应商等单位的法定代表人及其工作人员，按照各自职责对工程质量依法承担相应责任。

水利工程实行工程质量终身责任制。项目法人、勘察、设计、施工、监理、检测、监测等单位人员，依照法律法规和有关规定，在工程合理使用年限内对工程质量承担相应责任。

2) 水利工程监理单位市场准入。水利工程监理单位的资质审批由水利部负责。水利工程监理单位必须持有水利部颁发的监理单位资格等级证书，依照核定的监理范围承担相应水利工程的监理任务。监理单位必须接受水利工程质量监督机构对其监理资格质量检查体系及质量监理工作的监督检查。

3）水利工程监理工作依据。监理单位应当依照国家有关法律、法规、规章、技术标准、批准的设计文件和合同，对水利工程建设实施监理。

4）水利工程监理人员规定。监理单位应当建立健全质量管理体系，按照工程监理需要和合同约定，在施工现场设置监理机构，配备满足工程建设需要的监理人员，落实质量责任制。现场监理人员应当按照规定持证上岗。总监理工程师和监理工程师一般不得更换；确需更换的，应当经项目法人书面同意，且更换后的人员资格不得低于合同约定的条件。

5）监理主要工作内容。监理单位应当对施工单位的施工质量管理体系、施工组织设计、专项施工方案、归档文件等进行审查。

6）监理工作要求。监理单位应当按照有关技术标准和合同要求，采取旁站、巡视、平行检验和见证取样检测等形式，复核原材料、中间产品、设备和单元工程（工序）质量。未经监理工程师签字，原材料、中间产品和设备不得在工程上使用或者安装，施工单位不得进行下一单元工程（工序）的施工。未经总监理工程师签字，项目法人不拨付工程款，不进行竣工验收。平行检验中需要进行检测的项目按照有关规定由具有相应资质等级的水利工程质量检测单位承担。

2. 安全生产方面

水利工程施工监理的安全工作应遵守《建设工程安全生产管理条例》和《水利工程建设安全生产管理规定》的有关要求。

（1）《建设工程安全生产管理条例》。《建设工程安全生产管理条例》是根据《中华人民共和国建筑法》和《中华人民共和国安全生产法》制定的行政法规，目的是加强建设工程安全生产监督管理，保障人民群众生命和财产安全，由国务院于2003年11月24日发布。《建设工程安全生产管理条例》对监理的安全责任首次作出了规定。由工程监理单位承担建设工程安全生产责任，是符合国家建立建设监理制度的目的和要求的，同时也有利于控制和减少生产安全事故。《建设工程安全生产管理条例》中对监理单位的安全生产工作，提出了以下要求：

1）监理单位安全生产的主要工作内容。

a. 工程监理单位应当审查施工组织设计中的安全技术措施或者专项施工方案是否符合工程建设强制性标准。工程监理单位对施工安全的责任主要体现在审查施工组织设计中的安全技术措施或者专项施工方案是否符合工程建设强制性标准。施工组织设计是规划和指导即将建设的工程从施工准备到竣工验收全过程的综合性技术经济文件。它既要体现建设工程的设计要求和使用需求，又应当符合建设工程施工的客观规律，对整个施工的全过程起着非常重要的作用。施工组织设计中必须包含安全技术措施和施工现场临时用电方案，对基坑支护与降水工程、土方开挖工程、模板工程、起重吊装工程、脚手架工程、拆除、爆破工程达到一定规模的危险性较大的分部分项工程应当编制专项施工方案，工程监理单位对这些技术措施和专项施工方案进行审查，审查的重点在于是否符合工程建设强制性标准，对于达不到强制性标准的，应当要求施工单位进行补充完善。在具体程序上，建设工程的监理工程师首先应当熟悉设计文件，并对图纸中存在的有关问题，提出书面的意见和建议，并按照《水利工程施工监理规范》（SL 288—2014）的要求，在工程项目开工前，由总监理工程师组织专业监理工程师审查施工单位报送的施工组织设计，提出审查意见，并经总监理工程师审核、签字后报送建设单位。监理工程师对施工组织设计的审查一般包括：

①安全管理、质量管理和安全保证体系的组织机构，项目经理、工长、安全管理人员、特种作业人员配备的人员数量及安全资格培训持证上岗情况。

②施工安全生产责任制、安全管理规章制度、安全操作规程的制定情况。

③起重机械设备、施工机具和电气设备等设置是否符合规范要求。

④基坑支护、模板、脚手架工程、起重机械设备和整体提升脚手架拆装等专项方案是否符合规范要求。

⑤事故应急救援预案的制定情况。

⑥冬季、雨季等季节性施工方案的制定情况。

⑦施工总平面图是否合理，办公、宿舍、食堂等临时设施的设置以及施工现场场地、道路、排污、排水、防火措施是否符合有关安全技术标准规范和文明施工的要求。

b. 在实施监理过程中，发现存在安全事故隐患的，应当要求施工单位整改；情况严重的，应当要求施工单位暂时停止施工，并及时报告建设单位。施工单位拒不整改或者不停止施工的，工程监理单位应当及时向有关主管部门报告。

c. 工程监理单位和监理工程师应当按照法律、法规和工程建设强制性标准实施监理，并对建设工程安全生产承担监理责任。

工程监理单位受建设单位的委托，作为公正的第三方承担监理责任，不仅要对建设单位负责，同时也应当承担国家法律、法规和建设工程监理规范所要求的责任。也就是说，工程监理单位应当贯彻落实安全生产方针政策，督促施工单位按照施工安全生产法律、法规和标准组织施工，消除施工中的冒险性、盲目性和随意性，落实各项安全技术措施，有效地杜绝各类安全隐患，杜绝、控制和减少各类伤亡事故，实现安全生产。

2) 监理单位安全管理工作违规的处罚。《建设工程安全生产管理条例》规定，工程监理单位有下列违规行为之一的，责令限期改正；逾期未改正的，责令停业整顿，并处10万元以上30万元以下的罚款；情节严重的，降低资质等级，直至吊销资质证书；造成重大安全事故，构成犯罪的，对直接责任人员，依照刑法有关规定追究刑事责任；造成损失的，依法承担赔偿责任。

a. 未对施工组织设计中的安全技术措施或者专项施工方案进行审查的。《建设工程安全生产管理条例》第十四条第一款规定："工程监理单位应当审查施工组织设计中的安全技术措施或者专项施工方案是否符合工程建设强制性标准。"工程监理单位未按照《建设工程安全生产管理条例》的要求对施工组织设计中的安全技术措施或者专项施工方案进行审查就构成违法行为。这里的未进行审查包括完全没有进行审查，也包括没有达到审查应有的深度。至于工程监理单位的审查应当达到一个怎样的深度，应当结合具体情况具体分析。一般来说，工程监理单位是具备一定专业知识的，对于安全技术措施和专项施工方案的编制是否符合工程建设强制性标准应当是有一定的认识能力的。否则，在法规中要求监理单位审查安全技术措施和专项施工方案的规定就没有任何意义。所以，除非是工程监理单位可以证明，确实是自己尽到了专业的主要义务，仍然无法发现存在的问题；否则，工程监理单位都要承担责任。

b. 发现安全事故隐患未及时要求施工单位整改或者暂时停止施工的。《建设工程安全生产管理条例》第十四条第二款规定："工程监理单位在实施监理过程中，发现存在安全事故隐患的，应当要求施工单位整改；情况严重的，应当要求施工单位暂时停止施工，并及时报告建设单位。施工单位拒不整改或者不停止施工的，工程监理单位应当及时向有关主管部门报告。"这项违法行为主要表现在工程监理单位发现安全事故隐患未及时要求施工单位整改或者暂时停止施工。工程监理单位承担这一责任的前提是，应当具有要求施工单位整改或者暂停施工的权利。这一项违法行为包括两方面的内容：一方面，工程监理单位在监理过程中对于应当发现的安全事故隐患，根本没有发现；另一方面，工程监理单位虽然发现了事故隐患，但是没有要求施工单位整改或者暂停施工。也就是说，工程监理单位不能以自己根本没有发现存在的安全事故隐患为由，逃避规定的法律责任。相对而言，要求施工单位整改或者暂停施工并不难做到，难做到的是发现事故隐患，而这恰恰是核心内容，也是工程监理单位应当尽到的基本义务。

工程监理单位在发现事故隐患以后，并不是通知施工单位整改或者暂停施工就可以了，因为工程监理单位是在履行一种社会义务，需要监督施工单位安全施工。所以如果施工单位拒不整改或者不停止施工，工程监理单位需继续履行一定义务，即向有关管理部门报告。这里对于报告提出的要求是及时报告，如果报告不及时，也构成违法行为。即根据《建设工程安全生产管理条例》，监理单位还应向有关主管部门如水行政主管部门和相关负有安全生产监督管理的职能部门进行报告。

c. 未依照法律、法规和工程建设强制性标准实施监理的。《建设工程安全生产管理条例》第十四条第三款规定：工程监理单位和监理工程师应当按照法律、法规和工程建设强制性标准实施监理，并对建设工程安全生产承担监理责任。工程监理单位在安全生产中的监理责任，是由相关的法律、法规和强制性标准规定的。一般而言，监理单位不应当承担法律、法规和强制性标准要求以外的责任。如果工程监理单位没有按照法律、法规和强制性标准进行监理，就是没有尽到监理责任，构成违法行为。在法律上，责任和权利是一致的，法律、法规和强制性标准赋予了工程监理单位怎样的权利，监理单位就要承担相应的义务和责任。

对于监理人员，《建设工程安全生产管理条例》规定，监理工程师未按照法律、法规和工程建设强制性标准实行监理的，根据规定，责令停止执业3个月以上1年以下；情节严重的，吊销执业资格证书，5年内不予注册；造成重大安全事故的，终身不予注册；构成犯罪的，依照《刑法》有关规定追究刑事责任。

(2)《水利工程建设安全生产管理规定》。为了加强水利工程建设安全生产监督管理，明确安全生产责任，防止和减少安全生产事故，保障人民群众生命和财产安全，水利部根据《中华人民共和国安全生产法》《建设工程安全生产管理条例》等法律、法规，结合水利工程的特点制定了《水利工程建设安全生产管理规定》。

《水利工程建设安全生产管理规定》适用于水利工程的新建、扩建、改建、加固和拆除等活动及水利工程建设安全生产的监督管理。项目法人（或者建设单位，下同）、勘察（测）单位、设计单位、施工单位、建设监理单位及其他与水利工程建设安全生产有关的单位，必须遵守安全生产法律、法规，保证水利工程建设安全生产，依法承担水利工程建设安全生产责任。

《水利工程建设安全生产管理规定》第十四条对监理单位的安全工作作出以下规定：

1）建设监理单位和监理人员应当按照法律、法规和工程建设强制性标准实施监理，并对水利工程建设安全生产承担监理责任。

2）建设监理单位应当审查施工组织设计中的安全技术措施或者专项施工方案是否符合工程建设强制性标准。

3）建设监理单位在实施监理过程中，发现存在生产安全事故隐患的，应当要求施工单位整改；对情况严重的，应当要求施工单位暂时停止施工，并及时向水行政主管部门、流域管理机构或者其委托的安全生产监督机构以及项目法人报告。

第四节　水利工程建设监理规范

为规范水利工程监理工作，水利部陆续发布了《水利工程施工监理规范》（SL 288—2014）、《水土保持监理规范》（SL/T 523—2024）等专业的监理规范。2017年，中国水利工程协会发布了团体标准《水利工程施工环境保护监理规范》（T00/CWEA 3—2017）；2024年中国水利工程协会发布了《水利水电工程设备监理规范》（T/CWEA 25—2024），可为行业内开展相关监理工作提供重要的参考。

一、《水利工程施工监理规范》

（一）规范简介

2003年，水利部发布了《水利工程建设项目施工监理规范》（SL 288—2003）。该规范自实施以来，对规范水利工程监理单位和监理人员的监理活动，保证监理工作质量，提高项目管理水平起到了重要作用。

随着工程建设有关法律、法规和规章的颁布，以及水利工程建设监理有关规范性文件和相关技术标准的修订实施，针对水利工程建设监理的发展，对《水利工程建设项目施工监理规范》（SL 288—2003）进行了修订，并更名为《水利工程施工监理规范》（SL 288—2014）。

《水利工程施工监理规范》共7章、5个附录，分别是：总则，术语，监理组织，施工监理工作程序、方法和制度，施工准备的监理工作，施工实施阶段的监理工作和缺陷责任期的监理工作。附录包括监理规划编制要点及主要内容，监理实施细则编制要点及主要内容，施工监理主要工作程序框图，监理报告编制要求及主要内容和施工监理工作常用表格。

《水利工程施工监理规范》适用于我国境内依法必须实行监理的水利工程建设项目的

施工监理，其他水利工程施工监理可参照施行。

（二）规范的主要内容

《水利工程施工监理规范》第 3 章规定了监理组织的内容，具体包括对监理单位内部管理、业务承揽以及监理合同变更等的规定；监理机构的职责、权限和基本工作要求；监理人员的工作职责和工作要求，包括总监理工程师、监理工程师和监理员的岗位职责，并规定了总监理工程师不得授权的事项等。

第 4 章规定了施工监理工作程序、方法和制度等内容。监理工作的基本程序，包括自项目部组建至完成监理任务、移交监理资料等；监理主要工作方法包括现场记录、发布文件、旁站监理、巡视检查、跟踪检测、平行检测和协调等，关于监理工作方法，在修订的《水利工程质量管理规定》（水利部令第 52 号）中进行了规定，共包括旁站、巡视、平行检验和见证取样检测等四种方式，监理实施过程中，应符合《水利工程质量管理规定》的要求；主要工作制度，规定了监理机构应建立 技术文件核查、审核和审批，原材料、中间产品和工程设备报验，工程质量报验，工程计量付款签证，会议，验收等工作机制。

第 5 章规定了施工准备的监理工作，包括监理机构的准备工作，即合同签订后监理机构组建、制定制度、监理规划、实施细则，收集资料，接收、完善工作生活条件等；施工准备的监理工作包括检查开工前发包人、承包人的开工条件，设计交底、施工图纸核查与签发，参与项目划分等内容。

第 6 章规定了施工实施阶段的监理工作，包括开工条件控制、工程质量控制、工程进度控制、工程资金控制、施工安全监理、文明施工监理、合同管理的其他工作、信息管理、工程质量评定与验收等内容。

第 7 章规定了缺陷责任期的监理工作内容。

二、《水土保持监理规范》

2024 年，水利部修订发布了《水土保持监理规范》（SL/T 523—2024），规范了水土保持生态建设工程监理和生产建设项目水土保持监理工作。

修订后的《水土保持监理规范》共 5 章、6 个附录，分别是：总则，术语，工作内容、组织机构与职责，水土保持生态建设工程监理，生产建设项目水土保持监理。附录包括水土保持监理规划编写提纲，水土保持监理实施细则编写提纲，水土保持监理月报编写提纲，水土保持监理工作报告编写提纲，水土保持生态建设工程监理工作用表和生产建设项目水土保持监理工作用表。本次修订的核心内容是，将水土保持生态建设工程和生产建设项目水土保持工程，根据两者建设管理模式不同，分别对其监理工作作出了规定，规范的针对性和可操作性更强。

《水土保持工程施工监理规范》（SL 523—2011）主要适用于水土保持生态建设工程监理和大、中型生产建设项目水土保持监理工作，小型生产建设项目水土保持监理工作可参照执行。

三、《水利工程施工环境保护监理规范》

依据《中国水利工程协会标准管理办法》和《中国水利工程协会标准管理工作细则》

（中水协〔2020〕38号）的规定，经中国水利工程协会第三届理事会第二次会议（通讯）表决，中国水利工程协会发布了团体标准《水利工程施工环境保护监理规范》（T00/CWEA 3—2017），填补了水利工程环境保护监理规范化工作的空白。

《水利工程施工环境保护监理规范》共7章、3个附录，分别是：范围，规范性引用文件，术语和定义，总则，环境保护监理机构和人员，环境保护监理工作范围及内容，环境保护监理工作要求等。附录包括环境保护监理方案编写主要内容、环境保护监理工作报告编写提纲、环境保护监理资料目录和环境保护监理工作常用表格。

《水利工程施工环境保护监理规范》适用于大、中型水利工程建设项目施工阶段环境保护监理工作。小型水利工程建设项目施工阶段环境保护监理工作可参照执行。

四、《水利水电工程设备监理规范》

根据《中国水利工程协会标准管理办法》和《中国水利工程协会标准管理工作细则》（中水协〔2020〕38号）规定，经中国水利工程协会第三届理事会第三十一次会议（通讯）表决通过，发布实施了团体标准《水利水电工程设备监理规范》（T/CWEA 25—2024）。

此规范规定了水利水电工程永久设备监理组织、制造、运输与交付、安装与调试、试运行及验收、信息管理等工作内容和工作要求，适用于水利水电工程永久设备的监理工作。

《水利水电工程设备监理规范》共10章、3个附录，分别是：范围、规范性引用文件、术语和定义、总体要求、监理组织、制造监理、运输与交付监理、安装与调试监理、机组启动试运行及验收监理、设备监理信息管理。附录中给出了设备监理常用表格（资料性）、设备制造/安装质量鉴证项目（规范性）和设备资料目录（资料性）。

思 考 题

1-1 项目的概念及其基本特征是什么？

1-2 什么是建设项目？

1-3 建设项目管理的概念和基本职能是什么？

1-4 水利工程建设程序包括哪些阶段？各阶段有哪些主要工作内容？

1-5 《建设工程质量管理条例》《建设工程安全生产管理条例》《水利工程质量管理规定》《水利工程建设安全生产管理规定》中对监理单位相应的职责分别有何规定？

第二章　水利工程建设项目管理体制

改革开放以来，我国在基本建设领域进行了一系列改革，通过推行项目法人责任制、招标投标制、建设监理制三项制度改革，形成了以国家宏观监督调控为指导，项目法人责任制为核心，招标投标制和建设监理制为服务体系的建设项目管理体制；出现了以项目法人为主体的工程招标发包体系，以设计、施工和材料设备供应为主体的投标承包体系，以及建设监理单位为主体的技术服务体系等市场三元主体。三者之间以经济为纽带，以合同为依据，相互监督、相互制约，形成建设项目组织管理体制的新模式。

第一节　项目法人责任制

一、概述

改革开放之前，由于我国长期实行计划经济，建设项目的投资者和决策者都是国家或地方政府，建设项目的任务用行政手段分配，投资靠国家拨款，其投资建设的责任主体不具体。改革开放以后，随着我国社会主义市场经济体制的深入，工程项目的建设也纳入了市场经济的轨道，项目投资体制发生了重大变化，出现了多元化的投资格局，项目投资者由过去单一的国家或地方政府，变成了国家（中央）、地方政府、企业、个人、外商和其他法人团体多种形式。

1992年，国家计划委员会（以下简称"国家计委"）颁发了《关于建设项目实行业主责任制的暂行规定》（计建设〔1992〕2006号）；1995年4月，水利部发布了《水利工程建设项目实行项目法人责任制的若干意见》（水建〔1995〕129号）；1996年，国家计委进一步颁发了《关于实行建设项目法人责任制的暂行规定》（计建设〔1996〕673号），推出了投资体制改革新举措，实行项目法人责任制。实行项目法人责任制，是适应发展社会主义市场经济，转换项目建设与经营体制，提高投资效益，实现我国建设管理模式与国际接轨，在项目建设与经营全过程中应用现代企业制度进行管理的一项具有战略意义的重大举措。实行项目法人责任制的目的，是要使各类投资主体形成自我发展、自主决策、自担风险和讲求效益的建设和运营机制，使各类投资主体成为从项目建设到生产经营均独立享有民事权利和承担民事义务的法人。

2020年12月，为进一步加强水利工程建设管理，加快建立与新时代水利工程建设管理高质量发展相适应的项目法人管理制度，水利部制定了《水利工程建设项目法人管理指导意见》。

二、实行项目法人责任制的范围

1995年4月，水利部发布的《水利工程建设项目实行项目法人责任制的若干意见》（水建〔1995〕129号）中规定，根据水利行业的特点和建设项目不同的社会效益、经济效益和市场需求等情况，将建设项目划分为生产经营性、有偿服务性和社会公益性三类项目。生产经营性项目原则上都要实行项目法人责任制，其他类型的项目应积极创造条件，实行项目法人责任制。

三、项目法人的设立

《水利工程建设项目法人管理指导意见》规定，政府出资的水利工程建设项目，应由县级以上人民政府或其授权的水行政主管部门或者其他部门（以下简称政府或其授权部门）负责组建项目法人。政府与社会资本方共同出资的水利工程建设项目，由政府或其授权部门和社会资本方协商组建项目法人。社会资本方出资的水利工程建设项目，由社会资本方组建项目法人，但组建方案需按照国家关于投资管理的法律法规及相关规定经工程所在地县级以上人民政府或其授权部门同意。

水利工程建设项目可行性研究报告中应明确项目法人组建主体，提出建设期项目法人机构设置方案。

在国家确定的重要江河、湖泊建设的流域控制性工程及中央直属水利工程，原则上应由水利部或流域管理机构负责组建项目法人。其他项目的项目法人组建层级，由省级人民政府或其授权部门结合本地实际，根据项目类型、建设规模、技术难度、影响范围等因素确定。其中，新建库容10亿立方米以上或坝高大于70米的水库、跨地级市的大型引调水工程，应由省级人民政府或其授权部门组建项目法人，或由省级人民政府授权工程所在地市级人民政府组建项目法人。

跨行政区域的水利工程建设项目，一般应由工程所在地共同的上一级政府或其授权部门组建项目法人，也可分区域由所在地政府或其授权部门分别组建项目法人。分区域组建项目法人的，工程所在地共同的上一级政府或其授权部门应加强对各区域项目法人的组织协调。积极推行按照建设运行管理一体化原则组建项目法人。对已有工程实施改、扩建或除险加固的项目，可以以已有的运行管理单位为基础组建项目法人。

各级政府及其组成部门不得直接履行项目法人职责；政府部门工作人员在项目法人单位任职期间不得同时履行水利建设管理相关行政职责。鼓励各级政府或其授权部门组建常设专职机构，履行项目法人职责，集中承担辖区内政府出资的水利工程建设。

四、项目法人的组织形式及职责

1. 组织形式

（1）国有独资公司设立董事会，董事会由投资方负责组建。

（2）国有控股或参股的有限责任公司、股份有限公司设立股东会、董事会和监事会。董事会、监事会由各投资方按照《中华人民共和国公司法》（以下简称《公司法》）的有关规定进行组建。

2. 职责

《水利工程建设项目法人管理指导意见》规定，项目法人对工程建设的质量、安全、进度和资金使用负首要责任，应承担以下主要职责：

（1）组织开展或协助水行政主管部门开展初步设计编制、报批等相关工作。

（2）按照基本建设程序和批准的建设规模、内容，依据有关法律法规和技术标准组织工程建设。

（3）根据工程建设需要组建现场管理机构，任免其管理、技术及财务等重要岗位负责人。

（4）负责办理工程质量、安全监督及开工备案手续。

（5）参与做好征地拆迁、移民安置工作，配合地方政府做好工程建设其他外部条件落实等工作。

（6）依法对工程项目的勘察、设计、监理、施工、咨询和材料、设备等组织招标或采购，签订并严格履行有关合同。

（7）组织施工图设计审查，按照有关规定履行设计变更的审查或审核与报批工作。

（8）负责监督检查现场管理机构和参建单位建设管理情况，包括工程质量、安全生产、工期进度、资金支付、合同履约、农民工工资保障以及水土保持和环境保护措施落实等情况。

（9）负责组织设计交底工作，组织解决工程建设中的重大技术问题。

（10）组织编制、审核、上报项目年度建设计划和资金预算，配合有关部门落实年度工程建设资金，按时完成年度建设任务和投资计划，依法依规管理和使用建设资金。

（11）负责组织编制、审核、上报在建工程度汛方案和应急预案，落实安全度汛措施，组织应急预案演练，对在建工程安全度汛负责。组织或参与工程及有关专项验收工作。

2024年，水利部印发了《关于加强在建水利工程安全度汛工作的指导意见》（水建设〔2024〕16号），指导意见中对在建水利工程防洪度汛工作给出了详细的工作指引。其中包括了项目法人组织编制防洪度汛方案、超标准洪水应急预案的具体要求，给出了编写大纲，明确了论证、上报审批等相关内容。

（12）负责组织编制竣工财务决算，做好资产移交相关工作。

（13）负责工程档案资料的管理，包括对各参建单位相关档案资料的收集、整理、归档工作进行监督、检查。

（14）负责开展项目信息管理和参建各方信用信息管理相关工作。

（15）接受并配合有关部门开展的审计、稽查、巡察等各类监督检查，组织落实整改要求。

（16）法律法规规定的职责及应当履行的其他职责。

2017年，《国务院办公厅关于促进建筑业持续健康发展的意见》（国办发〔2017〕19号）规定，严格落实工程质量责任，全面落实各方主体的工程质量责任，特别要强化建设单位的首要责任和勘察、设计、施工单位的主体责任。

五、代建制与项目法人责任制的关系

针对水利建设项目点多面广量大、基层建设任务繁重、管理能力相对不足的情况，创新建管模式，发挥市场机制作用，增强基层管理力量，实现专业化的项目建设管理十分必要。为积极、稳妥推进水利工程建设项目代建制，规范项目代建管理，水利部于2015年印发了《关于水利工程建设项目代建制管理的指导意见》（以下简称《指导意见》）。

《指导意见》指出，水利工程建设项目代建制是指政府投资的水利工程建设项目通过招标等方式，选择具有水利工程建设管理经验、技术和能力的专业化项目建设管理单位（以下简称代建单位），负责项目的建设实施，竣工验收后移交运行管理单位的制度。代建单位对水利工程建设项目施工准备至竣工验收的建设实施过程进行管理，按照合同约定履行工程代建相关职责，对代建项目的工程质量、安全、进度和资金管理负责。

《指导意见》规定，代建单位应具有独立的事业或企业法人资格；与代建管理相适应的组织机构、管理能力、专业技术与管理人员；满足代建项目规模等级要求的水利工程勘测设计、咨询、施工总承包一项或多项资质以及相应的业绩，或者是政府专门设立（或授权）的水利工程建设管理机构并具有同等规模等级项目的建设管理业绩，或者是承担过大型水利工程项目法人职责的单位。

代建制主要是为了解决项目法人单位技术力量、管理能力不足，并充分利用专业化的力量，受项目法人单位委托，负责工程项目自施工准备至竣工验收建设管理工程项目的建设管理工作，按照合同约定，履行职责，并承担相应合同责任。项目法人作为工程建设的责任主体，应对工程建设的质量、安全、进度和资金使用负首要责任，应对项目的策划、资金筹措、建设实施、生产经营、偿还债务和资产的保值增值实行全过程负责。因此，代建制不能完全代替项目法人。

第二节 招标投标制

一、招标投标制概述

招标是市场经济高度发展的产物，它伴随着商品经济的发展而发展。市场经济的发展，带来了大宗商品交易，交易市场的竞争便产生了招标采购方式。招标是最富有竞争性的采购方式。招标采购能给招标者带来最佳的经济利益，所以它一诞生就具有强大的生命力。它自产生至今已有200多年的历史。在世界市场经济体制的国家和世界银行、亚洲开发银行、欧盟组织等国际组织的采购中，招标采购不断发展和完善，现在已经形成一套较成熟的可供借鉴的管理制度。

1980年10月17日，国务院在《关于开展和保护社会主义竞赛的暂行规定》中首次提出，"为了改革现行经济管理体制，进一步开展社会主义竞争，对一些适于承包的生产建设项目和经营项目，可以试行招标投标的办法"。1981年，吉林省吉林市和深圳特区率先试行工程招标投标，并取得了良好效果。这个尝试在全国起到了示范作用，并揭开了我国

招标投标的新篇章。此后,随着改革开放形势的发展和市场机制的不断完善,我国在基本建设项目、机械成套设备、进口机电设备、科技项目、项目融资、土地承包、城镇土地使用权出让、政府采购等许多政府投资及公共采购领域,都逐步推行了招标投标制度。

招标投标制是市场经济体制下建设市场买卖双方的一种主要的竞争性交易方式。我国在工程建设领域推行招标投标制,是为了适应社会主义市场经济的需要,在建设领域引进竞争机制,形成公开、公正、公平和诚实信用的市场交易方式,择优选择承包单位,促使设计、施工、材料设备生产供应等企业不断提高技术和管理水平,以确保建设项目质量和建设工期,提高投资效益。

为了规范工程建设项目的招标投标行为,我国先后制定了《中华人民共和国招标投标法》及其实施条例以及配套的相关部门规章和规范性文件。在《中华人民共和国政府采购法》及其实施条例中也对与工程相关的、除招标投标方式外其他采购方式进行了规定。

(一) 招标投标制的发展

2000年1月1日《中华人民共和国招标投标法》(以下简称《招标投标法》)颁布实施以来,我国招投标事业取得了长足发展。主要表现在以下五个方面:

(1) 招投标制度不断完善。各部门、各地方出台了大量招投标配套规则,增强了招投标制度的系统性和可操作性。

(2) 行政监管体制逐步健全。国务院确立了发展改革部门指导协调、各部门分工负责的招投标行政监管体制。为了解决分散监管可能带来的多头管理、同体监督、推诿扯皮等问题,国务院有关部门和很多地方建立了部门之间的联席机制,增强了在政策制度、监督执法等方面的协调性,一些地方还探索建立统一的招投标行政监督管理机构。

(3) 市场规模日益扩大。招投标作为富有竞争性的一种交易方式,除广泛应用于工程以及与工程有关的设备、材料、勘察、设计、监理外,还扩大到项目选址、融资、咨询、代建,以及教材、药品采购等领域。

(4) 通过招投标达成的交易金额大。

(5) 招投标制度在促进竞争,预防腐败等方面,也发挥了重要作用。尽管如此,招投标领域还存在着围标串标、弄虚作假、排斥限制潜在投标人、评标行为不公正、非法干预招投标活动等突出问题,社会各界对此反应强烈。这些问题如果不能得到有效解决,将从根本上破坏招投标制度的竞争择优功能。

(二) 招标投标制与合同管理的关系

在市场经济环境下,参与工程建设的承包人与项目法人间权利、义务的确定及履行,是建立在双方依法签订的合同基础之上,工程建设过程中双方的行为,均以合同为依据。招标投标制,是实现合同签订的重要途径和手段。在招标投标过程中,也确定了拟签订合同的主要条款。为了保证工程建设项目的顺利实施,科学、合理地确定合同条款,在招标投标阶段起草合同条款、签约时,应注意以下问题:

(1) 合同的合规性。根据《中华人民共和国民法典》(以下简称《民法典》)的规定,合同主体间签订的合同必须遵守国家现行法律、法规和规章的规定,这也是合同有效的必要条件。工程建设领域的合同,应严格遵守《中华人民共和国建筑法》《中华人民共和国安全生产法》《建设工程质量管理条例》《建设工程安全管理条例》等，如合同条款中对于分包、转包的规定，不能违反现行有关要求；技术条款中的质量标准不得低于国家、行业技术标准等。

（2）合同的公平性。公正、公平的合同理念是合同顺利履行的重要保障。在拟定合同条款时，对于双方的责任、权利和义务的约定，均应符合《民法典》中关于签订合同要保证公平的原则。作为招标人，不能以自身在工程建设管理中的优势，强加给承包人承担各种风险，如发包人原因的延期、长工期工程的价格调整等。无底线的不公平条款，最终将导致招标失败，即使招标成功，因承包人承受风险的能力所限，也可能导致不能正常履约，最终招标人也将遭受损失。

（3）诚实信用原则。招标投标过程中，招标人编制的招标文件、投标人编制的投标文件，其中大部分内容最终均是签订合同的主要组成部分。因此，在编制招标文件时，应将工程建设项目的基本情况、工作范围、工作内容、工作条件以及双方的权利、义务等，真实、确定、完整地给出；投标人在编制投标文件时应充分、全面了解拟招标项目的情况，根据自身条件作出响应，是确保合同顺利履行的重要基础。

二、《招标投标法》《政府采购法》的调整范围

《招标投标法》调整的范围是工程建设项目包括项目的勘察、设计、施工、监理以及与工程建设有关的重要设备、材料等的采购活动。这里的工程，是指建设工程，包括建筑物和构筑物的新建、改建、扩建及其相关的装修、拆除、修缮等；与工程建设有关的货物，是指构成工程不可分割的组成部分，且为实现工程基本功能所必需的设备、材料等；与工程建设有关的服务，是指为完成工程所需的勘察、设计、监理等服务。

《政府采购法》调整的是各级国家机关、事业单位和团体组织，使用财政性资金采购依法制定的集中采购目录以内的或者采购限额标准以上的货物、工程和服务的行为。国家机关、事业单位和团体组织的采购项目既使用财政性资金又使用非财政性资金的，使用财政性资金采购的部分，适用政府采购法及其实施条例；财政性资金与非财政性资金无法分割采购的，统一适用政府采购法及其实施条例。

政府采购工程以及与工程建设有关的货物、服务，采用招标方式采购的，适用《招标投标法》及其实施条例；采用其他方式采购的，适用《政府采购法》其实施条例。

三、招标的范围及规模

经国务院批准的《必须招标的工程项目规定》（国家发展和改革委员会令第16号，以下简称"16号令"）和《必须招标的基础设施和公用事业项目范围规定》（发改法规规〔2018〕843号，以下简称"843号文"）对工程项目招标范围及规模作出了规定，具体如下：

（1）全部或者部分使用国有资金投资或者国家融资的项目包括：

1）使用预算资金200万元人民币以上，并且该资金占投资额10%以上的项目。

2）使用国有企业、事业单位资金，并且该资金占控股或者主导地位的项目。

(2) 使用国际组织或者外国政府贷款、援助资金的项目包括：

1) 使用世界银行、亚洲开发银行等国际组织贷款、援助资金的项目。

2) 使用外国政府及其机构贷款、援助资金的项目。

(3) 不属于上述规定情形的大型基础设施、公用事业等关系社会公共利益、公众安全的项目，必须招标的具体范围包括：

1) 煤炭、石油、天然气、电力、新能源等能源基础设施项目。

2) 铁路、公路、管道、水运，以及公共航空和 A1 级通用机场等交通运输基础设施项目。

3) 电信枢纽、通信信息网络等通信基础设施项目。

4) 防洪、灌溉、排涝、引（供）水等水利基础设施项目。

5) 城市轨道交通等城建项目。

(4) 规定范围内的项目，其勘察、设计、施工、监理以及与工程建设有关的重要设备、材料等的采购达到下列标准之一的，必须招标：

1) 施工单项合同估算价在 400 万元人民币以上。

2) 重要设备、材料等货物的采购，单项合同估算价在 200 万元人民币以上。

3) 勘察、设计、监理等服务的采购，单项合同估算价在 100 万元人民币以上。

同一项目中可以合并进行的勘察、设计、施工、监理以及与工程建设有关的重要设备、材料等的采购，合同估算价合计达到前款规定标准的，必须招标。

依法必须招标的工程建设项目范围和规模标准，应当严格执行《招标投标法》第三条和 16 号令、843 号文规定；法律、行政法规或者国务院对必须进行招标的其他项目范围有规定的，依照其规定。没有法律、行政法规或者国务院规定依据的，对 16 号令第五条第一款第（三）项中没有明确列举规定的服务事项（勘察、设计、监理）、843 号文第二条中没有明确列举规定的项目，不得强制要求招标。

四、招标

（一）招标人

招标人是指依照《招标投标法》规定提出招标项目，进行招标的法人或者其他组织。

（二）招标方式

招标方式包括公开招标和邀请招标两种。公开招标是指招标人以招标公告的方式邀请不特定的法人或者其他组织投标。邀请招标是指招标人以投标邀请书的方式邀请特定的法人或者其他组织投标。国务院发展改革部门确定的国家重点项目和省、自治区、直辖市人民政府确定的地方重点项目不适宜公开招标的，经国务院发展改革部门和省、自治区、直辖市人民政府批准，可以进行邀请招标。国有资金占控股或者主导地位的依法必须进行招标的项目，应当公开招标；但有下列情形之一的，可以邀请招标。

(1) 项目技术复杂或有特殊要求，只有少量几家潜在投标人可供选择的。

(2) 受自然地域环境限制的。

(3) 涉及国家安全、国家秘密或者抢险救灾，适宜招标但不宜公开招标的。

(4) 拟公开招标的费用与项目的价值相比,不值得的。

(5) 法律、法规规定不宜公开招标的。

国家重点建设项目的邀请招标,应当经国务院发展改革部门批准;地方重点建设项目的邀请招标,应当经各省、自治区、直辖市人民政府批准。全部使用国有资金投资或者国有资金投资占控股或者主导地位并需要审批的工程建设项目的邀请招标,应当经项目审批部门批准,但项目审批部门只审批立项的,由相关行政监督部门审批。

一个完整的招标投标过程,包括招标、投标、开标、评标和定标五个环节,采用资格预审的,应按规定组织开展资格预审工作。招标投标流程详见图 2-1。

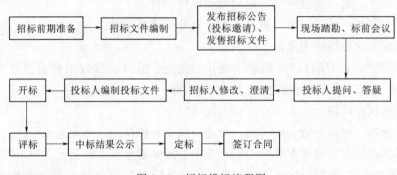

图 2-1 招标投标流程图

(三) 招标组织方式

招标组织方式根据实际需要,分为招标人自行招标与招标代理两种,在《招标投标法》及其实施条例中,对两种招标组织方式作出了如下规定。

1. 招标人自行招标

招标人具有编制招标文件和组织评标能力的,可以自行办理招标事宜,任何单位和个人不得强制其委托招标代理机构办理招标事宜。依法必须进行招标项目的招标人自行办理招标事宜的应当向有关行政监督部门备案。

2. 招标代理

招标人有权自行选择招标代理机构委托其办理招标事宜,任何单位和个人不得以任何方式为招标人指定招标代理机构。招标代理机构是依法设立从事招标代理业务并提供相关服务的社会中介组织。2017 年,根据《国务院关于取消一批行政许可事项的决定》(国发〔2017〕46 号),取消了招标代理资质。

五、投标

(一) 投标人

投标人是指响应招标,参加投标竞争的法人或者其他组织。依法招标的科研项目允许个人参加投标的,投标的个人适用《招标投标法》有关投标人的规定。

投标人应当具备承担招标项目的能力;国家有关规定对投标人资格条件或者招标文件对投标人资格条件有规定的,投标人应当具备规定的资格条件。

（二）编制投标文件

投标人应当认真研究、正确理解招标文件的全部内容，并按照招标文件的要求编制投标文件。投标文件应当对招标文件提出的实质性要求和条件作出响应，包括质量、工期目标，拟投入的资源如人员、设备、材料等。实质性要求和条件是指招标文件中有关招标项目的价格、项目的计划、技术规范、合同的主要条款等，投标文件必须对这些条款作出响应。这就要求投标人必须严格按照招标文件填报，不得对招标文件进行修改，不得遗漏或者回避招标文件中的问题，更不能提出任何附带条件。对于建设施工工程招标，投标人根据招标文件载明的项目实际情况，拟在中标后将中标项目的部分非主体、非关键性工作进行分包的，应当在投标文件中载明。

（三）投标文件提交

在招标文件中通常包含有递交投标文件的时间和地点，投标人不能将投标文件送交招标文件规定地点的以外地方，如果投标人因为递交投标文件的地点发生错误而延误投标时间的，将被视为无效标而被拒收。

（四）投标文件的补充修改

投标人在招标文件要求提交投标文件的截止时间前，可以补充、修改或者撤回已提交的投标文件，并书面通知招标人。补充修改的内容为投标文件的组成部分。

六、开标、评标和中标

（一）开标

开标应当在招标文件确定的提交投标文件截止时间的同一时间公开进行，开标地点应当为招标文件中预先确定的地点。

对于采用电子招标的，电子开标应当按照招标文件确定的时间，在电子招标投标交易平台上公开进行，所有投标人均应当准时在线参加开标。开标时，电子招标投标交易平台自动提取所有投标文件，提示招标人和投标人按招标文件规定方式按时在线解密。解密全部完成后，应当向所有投标人公布投标人名称、投标价格和招标文件规定的其他内容。

（二）评标

评标由招标人依法组建的评标委员会负责。依法必须进行招标的项目，其评标委员会由招标人的代表和有关技术、经济等方面的专家组成，成员人数为五人以上单数，其中技术、经济等方面的专家不得少于成员总数的三分之二。评标专家应当从事相关领域工作满八年并具有高级职称或者具有同等专业水平，由招标人从国务院有关部门或者省、自治区、直辖市人民政府有关部门提供的专家名册或者招标代理机构的专家库内相关专业的专家名单中确定。一般招标项目可以采取随机抽取方式，特殊招标项目可以由招标人直接确定。

评标委员会应当按照招标文件确定的评标标准和方法，对投标文件进行评审和比较，设有标底的，应当参考标底。评标委员会完成评标后，应当向招标人提出书面评标报告，并推荐合格的中标候选人。

（三）中标

招标人根据评标委员会提出的书面评标报告和推荐的中标候选人确定中标人。招标人也可以授权评标委员会直接确定中标人,或者在招标文件中规定排名第一的中标候选人为中标人,并明确排名第一的中标候选人不能作为中标人的情形和相关处理规则。

依法必须进行招标的项目,招标人根据评标委员会提出的书面评标报告和推荐的中标候选人自行确定中标人的,应当在向有关行政监督部门提交的招标投标情况书面报告中,说明其确定中标人的理由。

在确定中标人前,招标人不得与投标人就投标价格、投标方案等实质性内容进行谈判。中标人确定后,招标人应当向中标人发出中标通知书,并同时将中标结果通知所有未中标的投标人。中标通知书对招标人和中标人具有法律效力。中标通知书发出后,招标人改变中标结果的,或者中标人放弃中标项目的,应当依法承担法律责任。

七、签订合同

招标人和中标人应当自中标通知书发出之日起 30 日内,按照招标文件和中标人的投标文件订立书面合同。招标人和中标人不得再行订立背离合同实质性内容的其他协议。招标文件要求中标人提交履约保证金的,中标人应当提交。

中标人应当按照合同约定履行义务,完成中标项目。中标人不得向他人转让中标项目,也不得将中标项目肢解后分别向他人转让。中标人按照合同约定或者经招标人同意,可以将中标项目的部分非主体、非关键性工作分包给他人完成。接受分包的人应当具备相应的资格条件,并不得再次分包。中标人应当就分包项目向招标人负责,接受分包的人就分包项目承担连带责任。

八、异议与投诉

(一) 异议

《招标投标法》及其实施条例设立异议制度的本意在于加强当事人之间的相互监督,鼓励当事人之间加强沟通,及早友好地解决争议,避免矛盾激化,从而提高招标投标活动的效率。正因为如此,实名提出异议,有利于招标人与异议人及时进行充分沟通。

实施条例规定,潜在投标人或者其他利害关系人对资格预审文件有异议的,应当在提交资格预审申请文件截止时间 2 日前提出;对招标文件有异议的,应当在投标截止时间 10 日前提出。对开标的异议应当在开标会上当场提出;对依法必须进行招标项目的评标结果有异议的,应当在中标候选人公示期间提出。招标人应当自收到异议之日起 3 日内作出答复;作出答复前,应当暂停招标投标活动。

(二) 投诉

《招标投标法实施条例》规定,投标人或者其他利害关系人认为招标投标活动不符合法律、行政法规规定的,可以自知道或者应当知道之日起 10 日内向有关行政监督部门投诉。投诉应当有明确的请求和必要的证明材料。这里的投诉主体与实施条例中的异议主体的区别在于,这里的投诉主体应当包括招标人。招标人能够投诉的应当限于那些不能自行处理,必须通过行政救济途径才能解决的问题。典型的是投标人串通投标、弄虚作假,资格审查委员会未严格按照资格预审文件规定的标准和方法评审,评标委员会未严格按照招标文件规定的标准和方法评标,投标人或者其他利害关系人的异议成立但招标人无法自行采取措施予以纠正等情形。对于涉及资格预审文件、招标文件、开标和评标结果等事项进行投诉的,实施条例规定,投诉主体应先向招标人提出异议。

九、电子招标与投标

相较于传统的招标投标模式,推行电子招标投标,对于提高采购透明度、节约资源和交易成本、促进政府职能转变具有非常重要的意义,特别是在利用技术手段解决弄虚作假、暗箱操作、串通投标、限制排斥潜在投标人等招标投标领域突出问题方面,有着独特优势。这也是中央惩防体系规划、工程专项治理,以及《招标投标法实施条例》明确要求的一项重要任务。为推动电子招标投标长远健康发展,2013年国家发改委会同国务院有关部门起草了《电子招标投标办法》及其附件《电子招标投标系统技术规范》。该办法是我国推行电子招投标的纲领性文件,它将成为我国招投标行业发展的一个重要里程碑。

近年来,随着信息技术的发展,电子招标投标技术,在各行业、各地方得到了大力的推进。《国务院办公厅关于进一步优化营商环境降低市场主体制度性交易成本的意见》(国办发〔2022〕30号)要求持续规范招投标主体行为,加强招投标全链条监管。2022年10月底前,推动工程建设领域招标、投标、开标等业务全流程在线办理和招投标领域数字证书跨地区、跨平台互认。电子招标投标技术的推广与应用,充分发挥了信息技术在提高招标投标效率和透明度、节约资源和交易成本等方面的独特优势,是持续优化招标投标领域营商环境的重要途径和措施。

第三节 建 设 监 理 制

工程监理作为一个专门的工程管理和咨询行业,早期是为雇主提供工程设计、材料采购、施工组织、施工管理以及工程量测与计量服务的建筑师和测量师,最早可以追溯到欧洲产业革命发生以前的16世纪。1830年,英国政府以法律手段推行工程建设项目合同总包制度。1910年,美国成立咨询工程师协会。1913年,总部设在瑞士洛桑的国际咨询工程师联合会成立。在此后的近百年来,特别是在第二次世界大战以后,随着科学技术的进步、工程建筑业的繁荣和市场竞争的激烈,工程项目管理科学不断得到发展。

建设监理制是我国建设项目组织管理的新模式,它是以专门从事工程建设管理服务的建设监理单位,受项目法人的委托,对工程建设实施的管理。我国的建设监理制度,是为了适应我国社会主义市场经济的发展,改革旧的建设项目管理体制,以提高建设管理水平和投资效益。结合我国国情,借鉴国际工程项目管理先进经验与模式,建立具有中国特色的一种新的项目建设管理制度。

水利工程建设监理,是指具有相应资质的水利工程建设监理单位(以下简称监理单位),受项目法人(建设单位,下同)委托,按照监理合同对水利工程建设项目实施中的质量、进度、资金、安全生产、环境保护等进行的管理活动,包括水利工程施工监理、水土保持工程施工监理、机电及金属结构设备制造监理、水利工程建设环境保护监理。

一、监理及建设监理的概念

(一) 监理的概念

"监理"一词在《辞海》中尚无明确的定义。"监"一般是指从旁监视、督促的意思，是一项目标性很明确的具体行为，将其意思进一步延伸，它有视察、检查、评价、控制等从旁纠偏，督促目标实现的含义。"理"有两个方面的意思，一是指条理、准则，二是指管理、整理。就"监理"一词的英文词 supervision 的含义而言，它具有监督、管理的意思，带有管理的职能，即从计划、组织、指挥、协调、控制等方面，对事务进行管理，以实现既定的目标。

综合上述几层意思，"监理"的含义可以表述为：由一个执行机构或执行者，依据一定的准则，对某一行为的有关主体进行督察、监控和评价，守"理"者不问，违"理"者必究；同时，这个执行机构或执行者还要采取组织、指挥、协调和疏导等措施，协助有关人员更准确、更完整、更合理地达到预期目标。

(二) 建设监理的概念

所谓建设监理，是指具有相应资质的监理单位受项目法人的委托，依据技术标准、监理合同和承包合同等，对工程建设实施的专业化管理。

建设监理活动的实现，应当有明确的执行者，即监理组织；应当有明确的行为准则，即监理的工作依据；应当有明确的被监理行为和被监理的"行为主体"，即监理的对象；应当有明确的监理目标和行之有效的监理方法和手段。这是开展监理活动的基本条件。

二、水利工程监理历史沿革

(一) 水利工程建设监理制度的建立

1983 年，位于云南黄泥河上的鲁布革水电站引水系统工程首次采用国际咨询工程师联合会编制的《土木工程施工合同条件》，按世界银行要求进行国际招标，并首次采用了工程监理方式。这一事件标志着中国水利工程监理制度的初步引入。

1988 年 5 月 3 日，李鹏总理主持国务院总理办公会议，批准建设部"三定"方案。该"三定"方案确定建设部负责实施建设监理制。

1988 年 7 月 28 日，李鹏总理圈阅同意时任建设部副部长于坚同志呈交的《建设有中国特色的建设监理制度》的报告。1988 年 7 月，建设部发布《关于开展建设监理工作的通知》，提出建立具有中国特色的建设监理制度；同年 11 月，建设部又发布《关于开展建设监理试点工作的若干意见》，决定建设工程监理制度先在北京、上海、南京、天津、宁波、沈阳、哈尔滨、深圳八市和能源、交通的水电与公路系统进行试点。据此，试点地区和部门开始组建监理单位，建设行政主管部门帮助监理单位选择监理工程项目，逐步开始实施建设工程监理制度。

20 世纪 80 年代后期，我国闽江水口、广西岩滩、云南漫湾、清江隔河岩、广州抽水蓄能电站等一些大型水利水电工程项目相继实行了工程监理制，并在工程施工质量、工程进度、合同支付等合同目标控制中取得成效。

1990年11月，水利部颁发了《水利工程建设监理规定（试行）》，标志着我国水利工程建设管理体制的改革进入了一个崭新的阶段。按照"加强领导、扩大宣传、法规先导、先行试点、逐步推广"的原则，积极稳妥地在水利工程建设中开展建设监理。1993年机构改革时，在国务院批准的水利部"三定"方案中明确规定水利部主管全国水利水电工程建设监理工作。

1990年11月，水利部印发了《水利工程建设监理规定（试行）》和《水利工程建设监理单位管理办法（试行）》（水建〔1990〕9号），1992年5月颁发了《水利工程建设监理工程师管理办法（试行）》（水建〔1992〕15号）。

1995年，水利部印发了《水利水电设备监造规定（试行）》和《水利水电设备监造单位与监造工程师资质管理办法（试行）》（水建〔1995〕424号）。

1996年，水利部印发了《水利工程建设监理规定》（水建〔1996〕396号）、《水利工程建设监理单位管理办法》和《水利工程建设监理工程师管理办法》（水建〔1996〕397号）；原水建〔1990〕9号和水建〔1992〕15号废止。

1999年9月，水利部印发了《长江干流一、二级堤防工程建设监理暂行办法》（水建管〔1999〕508号）。

1999年11月，水利部印发了《水利工程建设监理规定》《水利工程建设监理单位管理办法》《水利工程建设监理人员管理办法》（水建管〔1999〕637号）；原水建〔1996〕396号和水建〔1996〕397号废止。

2000年2月，水利部和国家工商管理局共同印发了《水利工程建设监理合同示范文本（GF—2000—0211）》（水建管〔2000〕47号）。

2000年3月，水利部建管司印发了《关于水利工程建设监理员岗位资格管理等有关工作的通知》（建管综〔2000〕6号）。

2001年2月，水利部建管司印发了《关于部属监理单位监理员岗位资格申报和审批等有关事宜的通知》（建管综便〔2001〕第5号）。

2001年6月，水利部印发了《水利工程设备制造监理规定》《水利工程设备制造监理单位与监理人员资格管理办法》（水建管〔2001〕217号）；《水利工程设备制造监理单位与监理人员资格管理办法》已于2005年7月经《水利部关于修改或者废止部分水利行政许可规范性文件的决定》（水利部令第25号）废止；《水利工程设备制造监理规定》已于2016年6月经《水利部关于宣布废止和失效一批水利部文件的公告》（2016年第17号）废止。

2002年12月，水利部印发了《水利工程建设项目监理招标投标管理办法》（水建管〔2002〕587号）。

2003年3月，水利部印发了《水土保持生态建设工程监理管理暂行办法》（水建管〔2003〕79号）。

2003年10月，水利部印发了《水利工程建设项目施工监理规范》（SL 288—2003）。

2006年12月，水利部印发了《水利工程建设监理规定》（水利部令第28号）、《水利工程建设监理单位资质管理办法》（水利部令第29号）；原水建管〔1999〕637号中的《水利工程建设监理规定》《水利工程建设监理单位管理办法》废止；原水建管〔1999〕637号中的《水利工程建设监理人员管理办法》已于2005年7月由水利部令第25号废止。

2006年12月，水利部印发了《水利工程建设监理工程师注册管理办法》（水建管〔2006〕600号）。

2007年4月，水利部和国家工商管理总局共同印发了《水利工程建设监理合同示范文本（GF—2000—0211）》（水建管〔2007〕134号）。

2008年5月，水利部办公厅印发了《关于2008年度水利工程建设监理工程师注册备案工作的通知》（办建管函〔2008〕241号）。

2010年5月，水利部印发了《关于修改〈水利工程建设监理单位资质管理办法〉的决定》（水利部令第40号）。

2014年10月，水利部印发了《水利工程施工监理规范》（SL 288—2014）。

2015年9月，水利部办公厅印发了《关于对水利工程建设监理工程师造价工程师质量检测员取消注册管理后加强后续管理的通知》（办建管〔2015〕201号）。

2015年7月，水利部印发了《关于取消水利工程建设监理工程师造价工程师质量检测员等人员注册管理的通知》（水建管〔2015〕267号）；已于2017年经《水利部关于废止、宣布失效和修改部分规范性文件的公告》（水利部公告2017年第32号）废止。

2015年12月，水利部印发了《水利部关于废止和修改部分规章的决定》（水利部令第47号），其中对水利部令第29号和水利部令第40号的部分内容进行了修改。

2017年12月，水利部印发了《水利部关于废止和修改部分规章的决定》（水利部令第49号），将《水利工程建设监理规定》（2006年12月18日水利部令第28号发布）和《水利工程建设监理单位资质管理办法》（2006年12月18日水利部令第29号发布，2010年5月14日水利部令第40号修改，2015年12月16日水利部令第47号第二次修改）的部分内容进行了修改。

2019年5月，水利部印发了《水利部关于修改部分规章的决定》（水利部令第50号），将《水利工程建设监理单位资质管理办法》的部分内容进行了修改。

2020年2月，住房城乡建设部、交通运输部、水利部、人力资源社会保障部联合印发了《监理工程师职业资格制度规定》和《监理工程师职业资格考试实施办法》（建人规〔2020〕3号）。

2020年5月，水利部建设司印发了《关于公布全国监理工程师职业资格考试基础科目和水利工程专业科目考试大纲的通知》（建设函〔2020〕1号）。

2022年5月，水利部印发了《注册监理工程师（水利工程）管理办法》（水建设〔2022〕214号）。

（二）水利工程建设监理现状

近年来，以习近平同志为核心的党中央高度重视水利工作，习近平总书记亲自部署、推动实施国家"江河战略"，多次主持召开会议研究部署战略性、标志性重大水利工程建设。中央经济工作会议、中央农村工作会议对加强水利基础设施建设等提出明确要求。加快完善流域防洪工程体系、深入落实《国家水网建设规划纲要》以及国家增发国债重点用于灾后重建和提升防灾减灾能力等水利工程建设任务，工程建设规模空前，对水利工程建设监理单位的工作承载力和质量标准提出了更高的要求，水利工程建设监理市场需求较为旺盛。

截至2024年年初，我国水利建设市场上共有施工监理甲级单位455家，乙级单位1365家；水土保持施工监理甲级单位97家，乙级单位444家；机电及金属结构设备制造甲级单位36家，乙级单位53家，环境保护监理单位（不分级）226家。取得水利工程建设监理工程师资格人数111949人，已注册的监理工程师人数48600人。

三、水利工程建设监理的范围

根据《中华人民共和国建筑法》的规定，国家推行建筑工程监理制度，对规定范围内的建设工程实行强制监理；并在《建设工程质量管理条例》中明确了实行强制监理的工程范围。

水利部颁布的《水利工程建设监理规定》（水利部令第28号）规定，水利工程建设项目依法实行建设监理。总投资200万元以上且符合下列条件之一的水利工程建设项目，必须实行建设监理。

(1) 关系社会公共利益或者公共安全的。
(2) 使用国有资金投资或者国家融资的。
(3) 使用外国政府或者国际组织贷款、援助资金的。

铁路、公路、城镇建设、矿山、电力、石油天然气、建材等开发建设项目的配套水土保持工程，符合前款规定条件的，应当按照《水利工程建设监理规定》开展水土保持工程施工监理。

四、水利工程建设监理的特点

(一) 建设监理是针对工程项目建设所实施的监督管理活动

建设监理活动是围绕工程项目建设来进行的，其对象为新建、扩建、改建、加固、修复、拆除等各种建设工程项目。建设监理是直接为项目法人投资兴建的建设项目提供管理服务的行业，监理单位是建设项目管理服务的主体，而非建设项目管理主体。

(二) 监理单位是建设监理的行为主体

建设监理的行为主体是监理单位。监理单位是具有独立法人资格，并依法取得建设监理单位资质证书，专门从事建设监理的社会中介组织。只有监理单位才能按照独立、自主的原则，开展建设监理活动。非监理单位所进行的监督管理活动一律不能称为工程建设监理。例如，政府有关部门所实施的监督管理活动就不属于建设监理范畴；项目法人进行的所谓"自行监理"，以及不具备监理单位资格的其他单位所进行的所谓"监理"都不能纳入建设监理范畴。

(三) 监理工作由合同约定

建设监理的产生源于市场经济条件下社会的需求，通过项目法人委托和授权方式来实施建设监理是建设监理与政府对工程建设所进行的行政性监督管理的重要区别。这种方式也决定了在实施工程建设监理的项目中，项目法人与监理单位的关系是委托与被委托、授权与被授权的关系；决定了它们之间是合同关系，是需求与供给关系，是一种委托与服务的关系。这种委托和授权方式说明，在实施建设监理的过程中，监理单位的权力主要是由作为建设项目管理主体的项目法人通过授权而转移过来的。在工程项目建设过程中，项目法人始终以建设项目管理主体的身份掌握着工程项目建设的决策权，并承担着主要风险。同时，对于需要委托人批准才能行使的权力，一般在专用条款中作出约定。

建设监理的被监理对象是与项目法人签订工程建设合同的设计、施工或设备材料生产供应单位。监理单位与设计、施工或设备材料生产供应单位的关系不是合同关系，他们之间不签订也不应该签订任何的合同或协议。他们两者之间的关系，只是工程建设中监理和被监理的关系，项目法人通过与工程承包单位签订的工程建设合同确立了这种关系。工程建设合同中明确地赋予了监理单位监督管理的权力，监理单位依照国家和部门颁发的有关法律、法规、技术标准，以及批准的建设计划、设计文件，签订的工程建设合同和建设监理合同等进行监理。承包人在履行施工承包合同的过程中，应按合同约定接受监理单位的监理，并为监理工作的开展提供合作与方便，随时接受监理单位的监督和管理。监理单位应按照项目法人所委托的权限，并在这个权限的范围内检查承包单位是否履行合同的义务，是否按合同约定的技术要求、质量要求、进度要求和资金要求进行施工建设。监理单位也要注意维护承包单位的合法利益，正确而公正地处理好款项支付、验收签证、索赔和工程变更等合同问题。

如在《水利水电工程施工标准招标文件》（2009年版）的通用合同条款中，约定监理人可行使以下权力。

（1）监理人受发包人的委托，享有合同约定的权力。监理人的权力范围在专用合同条款中明确。当监理人认为出现了危及生命、工程或毗邻财产等安全的紧急事件时，在不免除合同约定的承包人责任的情况下，监理人可以指示承包人实施为消除或减少这种危险所必须进行的工作，即使没有发包人的事先批准，承包人也应立即遵照执行。监理人应按合同约定增加相应的费用，并通知承包人。

（2）监理人发出的任何指示应视为已得到发包人的批准，但监理人无权免除或变更合同约定的发包人和承包人的权利、义务和责任。

（3）合同约定应由承包人承担的义务和责任，不因监理人对承包人提交文件的审查或批准，对工程、材料和设备的检查和检验，以及为实施监理作出的指示等职务行为而减轻或解除。

根据通用合同条款，在专用合同条款中约定监理人在得到发包人批准的前提下，可行使以下权力。

（1）批准工程分包。

（2）监理人同意承包人派出的项目经理、技术负责人及进场的主要设备的变化。

（3）确定延长完工期限。

（4）指示暂停施工。

(5) 批准复工。

(6) 作出变更指示或批准变更。

(7) 批准暂列金额的使用。

(8) 商定或确定合同价格。

(四) 建设监理是有明确依据的工程建设行为

建设监理是严格地按照有关法律、法规和其他有关准则实施的。建设监理的依据是国家批准的工程项目建设文件、有关工程建设的法律和法规、建设监理合同和其他工程建设合同。例如，设计文件，工程建设方面的现行规范、标准、规程，由各级立法机关和政府部门颁发的有关法律和法规，依法成立的工程建设监理合同、工程勘察合同、工程设计合同、工程施工合同、材料和设备供应合同等。特别应当说明，各类工程建设合同、监理合同是建设监理的最直接依据。

(五) 建设监理是社会化的、微观的监督管理活动

建设监理是社会化的、微观的监督管理活动，这一点与由政府进行的行政性监督管理活动有着明显的区别。建设监理活动是针对一个具体的工程项目展开的，是紧紧围绕着工程项目建设的各项投资活动和生产活动所进行的监督管理。它注重具体工程项目的实际效益。项目法人委托监理的目的就是期望监理单位能够协助其实现项目投资目的。当然，根据建设监理制的宗旨，在开展这些活动的过程中应体现出维护社会公众利益和国家利益。

五、建设监理的性质

建设监理是一种特殊的工程建设活动，与其他工程建设活动有着明显的差异。

(一) 服务性

工程建设监理既不同于承包人的直接生产活动，也不同于项目法人的投资活动。它既不是工程承包活动，也不是工程发包活动；它不需要投入大量资金、材料、设备、劳动力。监理单位既不向项目法人承包工程造价，也不参与承包单位的盈利分成；监理单位既不需要拥有大量的机具、设备和劳务力量，一般也不必拥有雄厚的注册资金。它只是在工程项目建设过程中，利用自己工程建设方面的知识、技能和经验为客户提供高智能管理服务，以满足项目法人对项目管理的需要。它所获得的报酬也是技术服务性的报酬，是脑力劳动的报酬。工程建设监理是监理单位接受项目法人的委托而开展的技术服务性活动。因此，它的直接服务对象是项目法人。这种服务性的活动是按有关法律法规规定和工程建设监理合同约定来进行的，是受法律约束和保护的。

(二) 独立性

监理单位在履行监理合同义务和开展监理活动的过程中，要建立自己的组织，依据相关法律法规、监理合同和工程承包合同的授权，确定工作准则，要运用适当的方法和手段，在项目法人授权范围内，根据相关规定和合同约定开展监理工作。监理单位既要按合同约定为委托方服务，也要在职责范围内，按照公正、独立、自主地开展监理工作。

(三) 公正性

在工程项目建设中，监理单位和监理工程师应当担任什么角色和如何担任这些角色，是从事工程建设监理工作的人们应当认真对待的一个重要问题。监理单位和监理工程师在工程建设过程中，应当作为能够严格履行监理合同各项义务、能够竭诚地为客户服务的"服务方"，同时，也应当成为"公正的第三方"。也就是在提供监理服务的过程中，监理单位和监理工程师应当排除各种干扰，以公正的态度对待委托方和被监理方，特别是当项目法人和被监理方发生利益冲突或矛盾时能够以事实为依据，以有关法律、法规和双方所签订的工程建设合同为准绳，站在第三方立场上公正地加以解决和处理，做到"公正地证明、决定或行使自己的处理权"。

对建设监理和监理单位公正性的要求，首先是建设监理制对工程建设监理进行约束的条件。因为，实施建设监理制的基本宗旨是建立适合社会主义市场经济的工程建设新秩序，为开展工程建设创造安定、协调的环境，为投资者和承包商提供公平竞争的条件。建设监理制的实施，使监理单位和监理工程师在工程项目建设中具有重要地位。一方面，使项目法人可以摆脱具体项目管理的困扰；另一方面，由于得到专业化的监理公司的有力支持，项目法人与承包人在业务能力上达到一种制衡。为了保持这种状态，首要的是对监理单位和它的监理工程师制定约束条件。公正性要求就是重要的约束条件之一。

公正性还是工程建设监理正常和顺利开展的基本条件。监理工程师进行目标规划、动态控制、组织协调、合同管理、信息管理等工作都是为力争在预定目标内实现工程项目建设任务这个总目标服务。但是，仅仅依靠监理单位而没有设计、施工、材料和设备供应单位的配合是不能完成这个任务的。监理成败的关键在很大程度上取决于能否与承建单位以及与项目法人进行良好合作，相互支持、互相配合。而这一切都需要以监理能否具有公正性作为基础。

公正性是监理行业的必然要求，它是社会公认的职业准则，也是监理单位和监理工程师的基本职业道德准则。因此，我国建设监理制把"公正"作为从事工程建设监理活动应当遵循的重要准则。

（四）科学性

建设监理的科学性是由其任务所决定的。工程建设监理以协助项目法人实现其投资目的为己任，力求在预定的投资、进度、质量目标内实现工程项目。而当今工程规模日趋庞大，功能、标准要求越来越高，新技术、新工艺、新材料不断涌现，参加组织和建设的单位越来越多，市场竞争日益激烈，风险日渐增加。因此，只有不断地采用新的和更加科学的思想、理论、方法、手段才能驾驭工程项目建设。建设监理的科学性主要是由以下几个方面来决定的：

（1）被监理单位的社会化和专业化特点。承担设计、施工、材料和设备供应的都是社会化和专业化的单位。它们在技术、管理方面已经达到了一定水平。这就要求监理工程师应当具有更高的素质和水平，才能实施有效地实施工程监理工作。因此，监理单位应当按照高智能、智力密集型原则组建。

（2）技术服务性质。建设监理的科学性是专门通过对科学知识的应用来实现其价值的。因此，要求监理单位和监理工程师在开展监理服务时能够提供科学含量高的服务，以创造更大的价值。

(3) 工程项目所处的外部环境特点。工程项目总是处于动态的外部环境包围之中，无时无刻都有被干扰的可能。因此，工程建设监理要适应千变万化的项目外部环境，要抵御来自它的干扰。这就要求监理工程师既要富有工程经验，又要具有应变能力，要进行创造性的工作。

(4) 维护社会公共利益和国家利益的特殊使命。在开展监理活动的过程中，监理工程师要把维护社会最高利益当作自己的天职。这是因为，工程项目建设牵扯到国计民生，维系着人民的生命和财产的安全，涉及公众利益。因此，监理单位和监理工程师需要以科学的态度、用科学的方法来完成这项工作。

（五）履行法定职责

在我国的建设工程法律体系下，建设监理单位除履行监理合同、承包合同中约定的职责外，还应按相关法律、法规、规章制度履行质量、安全等的法定职责。如《建设工程质量管理条例》《建设工程安全生产管理条例》分别对建设监理单位及其从业人员的质量、安全职责进行了规定。《建设工程质量管理条例》就监理单位的市场行为准则、工作的服务特性、监理过程中的职责和义务等作了规定；《建设工程安全生产管理条例》首次规定了监理单位在建设工程中的安全生产责任，并规定了在工程建设过程的安全生产管理工作内容和工作要求等。监理单位及其从业人员应严格执行。

六、建设监理的主要任务

建设监理的主要任务是进行建设工程的合同管理，按照合同控制工程建设的资金、进度和质量，开展施工安全的监理工作，并协调建设各方的工作关系。采取组织协调、经济、技术、合同和信息管理措施，对建设过程及参与各方的行为进行监督、协调和控制。

（一）资金控制

建设监理资金控制的任务，主要是在施工阶段，按照合同严格计量与支付管理，审查设计变更，进行工程进度款签证和控制索赔，在工程完工阶段审核工程结算。

资金控制并不是单一目标的控制，而是与质量控制和进度控制同时进行的，它是针对整个项目目标系统所实施的控制活动的一个组成部分，在实施资金控制的同时需要兼顾质量和进度目标。

（二）进度控制

建设监理所进行的进度控制是指在实现建设项目总目标的过程中，为使工程建设的实际进度符合项目计划进度的要求，使项目按计划要求的时间动用而开展的有关监督管理活动。

进度控制首先要在建设前期通过周密分析研究确定合理的工期目标，并在施工前将工期要求纳入承包合同；在建设实施期通过运筹学、网络计划技术等科学手段，审查、修改施工组织设计和进度计划，并在计划实施中紧密跟踪，做好协调与监督，排除干扰，使单项工程及其分阶段目标工期逐步实现，最终保证项目建设总工期的实现。

（三）质量控制

建设监理质量控制是指在力求实现工程建设项目总目标的过程中，为满足项目总体质量要求所开展的有关的监督管理活动。质量是指"产品、服务或过程满足规定或潜在要求

（或需求）的特征和特性的总和"。对工程建设而言，最终产品就是建成投入使用的工程项目；服务就是不以实物形式而以提供技术咨询形式满足工程建设需要的服务；过程就是包括项目建设各阶段的整个工程建设的过程；质量要求就是对整个建设项目及其建设过程提出的"满足规定或潜在要求（或需求）的特征和特性的总和"，即要达到的质量目标。所谓建设项目的质量目标就是对包括工程项目实体、功能和使用价值、工作质量各方面的要求或需求的标准和水平，也就是对项目符合有关法律、法规、规范、标准程度和满足项目法人要求程度作出的明确规定。建设监理质量控制的主要任务是在施工前通过审查承包人组织机构与人员，检查建筑物所用材料、构配件、设备质量和审查施工组织设计等实施质量预控；在施工中通过重要技术复核、工序操作检查、隐蔽工程验收和工序成果检查，以及通过各类验收工作把好质量关等。

（四）施工安全监理

根据《建设工程安全生产管理条例》的规定，监理单位受项目法人的委托，不仅要对项目法人负责，同时，也应当承担国家法律、法规和监理规范所要求的责任。即监理单位应当贯彻落实安全生产方针政策，督促施工单位按照施工安全生产法律、法规和标准组织施工，消除施工中的冒险性、盲目性和随意性，落实各项安全技术措施，有效地杜绝各类安全隐患，杜绝、控制和减少各类伤亡事故，实现安全生产。

水利工程安全生产监理工作的主要内容包括：

（1）审查施工组织设计中的安全技术措施或者专项施工方案是否符合工程建设强制性标准。

（2）实施监理过程中，发现存在安全事故隐患的，应当要求施工单位整改；情况严重的，应当要求施工单位暂时停止施工，并及时报告建设单位。施工单位拒不整改或者不停止施工的，工程监理单位应当及时向有关主管部门报告。

（3）工程监理单位和监理工程师应当按照法律、法规和工程建设强制性标准实施监理，并对建设工程安全生产承担监理责任。

（五）合同管理

合同管理是进行投资控制、进度控制和质量控制的手段。合同是监理单位站在公正立场采取各种控制、协调与监督措施，履行纠纷调解职责的依据，也是实施三大目标控制的出发点和归宿。

（六）信息管理

信息管理是建设项目监理的重要手段。只有及时、准确地掌握项目建设中的信息，严格、有序地管理各种文件、图纸、记录、指令、报告和有关技术资料，完善信息资料的接收、签发、归档、查询程序和制度，才能使信息及时、完整、准确和可靠地为建设监理提供工作依据，以便及时采取有效的措施，高效地完成监理任务。计算机信息管理系统是现代工程建设领域信息管理的重要手段。

（七）组织协调

在工程项目实施过程中，存在着大量组织协调工作，项目法人和施工单位之间由于各自的经济利益和对问题的不同理解，就会产生各种矛盾和问题；在项目建设过程中，多部门、多单位以不同的方式为项目建设服务，难免会发生各种冲突。因此，监理工程师及时、公正、合理地做好协调工作，是项目顺利进行的重要保证。

七、建设监理的主要依据

（1）法律、法规。监理单位应当依照法律、法规的规定对承包单位实施监督。对建设单位违反法律、法规的要求，监理单位应当予以拒绝。

（2）有关技术标准。技术标准分为强制性标准和推荐性标准。强制性标准是必须执行的标准。推荐性标准是自愿采用的标准，双方可以在合同中确定是否采用。经合同确认的推荐性标准也必须严格执行。

（3）设计文件。设计文件是施工的依据，同时也是监理依据。施工单位应该按设计文件进行施工。监理单位应按照设计文件对施工活动进行监督管理。

（4）监理合同与工程承包合同。监理合同是监理单位与建设单位依法签订，明确双方权利和义务的协议，是监理单位开展监理工作的重要依据；工程承包合同是建设单位和施工单位依法签订的，为完成商定的某项建筑工程，明确相互权利和义务关系的协议，同时在工程承包合同中也约定了监理在工程施工过程中的工作内容、职责和权限，与承包人建立了监理、被监理的关系。工程承包合同依法订立，任何一方不得擅自变更或解除合同。监理单位应当依据工程承包合同的约定，监督施工单位是否全面履行合同约定的义务。

八、项目法人责任制与建设监理制的关系

水利工程建设项目"三项制度"的改革，对规范工程建设管理行为，提高工程建设质量、效率及节约投资，起到了积极的推动作用，也促进了监理行业的大力发展。

在"三项制度"中，项目法人责任制是实行建设监理制的必要条件。项目法人责任制的核心是要落实"谁投资、谁决策、谁承担风险"的原则，使得项目法人的责任和风险加大。为了切实承担自身的职责，必然需要社会化、专业化机构为其提供服务。因此，建设监理制成为了实行项目法人责任制的保障。项目法人可以依据自身需求，委托具有相应资质和工作经验的监理单位为其提供高质量的服务。

思 考 题

2-1 建设监理的概念是什么？

2-2 建设监理具有哪些主要特点？

2-3 水利工程强制实施建设监理的范围是什么？

2-4 建设监理的主要任务是什么？

2-5 建设监理采取的主要措施是什么？

2-6 建设监理的主要依据是什么？

2-7 《必须招标的工程项目规定》中对施工、服务、材料设备的必须招标采购限额分别是多少？

第三章 水利工程建设监理单位和人员

第一节 监理单位概述

建设监理单位是我国推行建设监理制度之后出现的一种企业。它的主要责任是向工程项目法人提供高质量的、高智能的技术服务。受项目法人委托对建设项目的资金、工期、质量、安全依据合同进行监督管理。监理单位是在我国市场经济条件下、建设管理体制改革中出现的新事物。本章主要结合水利部《水利工程建设监理规定》(水利部令第28号)和《水利工程建设监理单位资质管理办法》(水利部令第29号)等规章,从监理单位的概念、资质管理、经营准则以及监理人员素质和资格管理等方面进行阐述。

一、监理单位的定义

监理单位是指取得监理资质等级证书、具有法人资格从事工程建设监理业务的单位,如监理公司、监理事务所以及兼承监理业务的设计、施工、科研、咨询等单位。监理单位必须具有自己的名称、组织机构和场所,有与承担监理业务相适应的经济、法律、技术及管理人员,有完善的组织章程和管理制度,并应具有一定数量的资金和设施。符合条件的单位经申请取得监理资质等级证书,并经工商注册取得营业执照后,才可承担监理业务。

水利工程建设监理单位是指依法取得水利工程建设监理单位资质等级证书,并经工商注册取得营业执照,且从事水利工程建设监理业务的单位。监理单位应当依法取得相应等级的资质证书,并在其资质等级许可的范围内承担工程监理业务。按照水利部《水利工程建设监理单位资质管理办法》的规定,设立水利工程建设监理单位,必须由水利部进行资质审查,符合条件者由水利部颁发水利工程建设监理单位资质等级证书。监理单位的资质等级反映了该监理单位从事某项监理业务的资格和能力,是国家对工程监理市场准入管理的重要手段。

二、监理单位的市场地位

(一)监理单位是建设市场的三大主体之一

一个发育完善的市场,不仅要有具备法人资格的交易双方,而且要有协调交易双方、为交易双方提供交易服务的第三方。就建设市场而言,项目法人和承包人是买卖的双方。承包人(包括工程建设的勘察,设计,建筑构配件制造、施工等单位,就具体的交易活动来说,承包人可以是其中之一,也可能是指几个单位,甚至是指上述所有单位)是卖方,项目法人是买方。一般来说,建设产品的买卖交易不是瞬间就可以完成的,往往经历较长的时间。交易的时间越长，或者说，阶段性交易的次数越多，买卖双方产生矛盾的概率就越高，需要协调的问题就越多。况且，建设市场中交易活动的专业技术性都很强，没有相当高的专业技术水平，就难以圆满地完成建设市场中的交易活动。监理单位正是介于项目法人和承包人之间的第三方，是为促进建设市场中交易活动顺利开展而服务的。

(二) 项目法人与监理单位的关系

1. 项目法人与监理单位之间是法律地位平等的关系

项目法人和监理单位都是建设市场中的主体，不分主次，自然应当是平等的。这种平等的关系主要体现在经济社会中的地位和工作关系两个方面。

(1) 双方都是市场经济条件下建设市场中独立的法人。不同行业的法人，只有经营的性质不同、业务范围不同，而没有主仆之别。即使是同一行业，各独立的企业法人之间，也只有大小之别、经营种类之分，不存在从属关系。

(2) 双方都是建设市场中的主体，是为工程建设而走到一起的。项目法人为了更好地搞好自己担负的工程项目建设，而委托监理单位代替自己负责一些具体的事项。项目法人与监理单位之间是一种委托与被委托的关系。项目法人可以委托一个监理单位，也可以委托几个监理单位。同样，监理单位可以接受委托，也可以不接受委托。委托与被委托的关系建立后，双方只是按照约定的条款，各尽各的义务，各行使各自的权力，各取得各自应得到的利益。所以说，两者在工作关系上仅维系在委托与被委托的水准上。监理单位仅按照委托的要求开展工作，对项目法人负责，并不受项目法人的领导。项目法人对监理单位的人力、财力、物力等方面没有任何支配权、管理权。如果两者之间的委托与被委托关系不成立，那么，就不存在任何联系。

2. 项目法人与监理单位之间是委托与被委托、授权与被授权的关系

项目法人与监理单位之间是一种委托与被委托、授权与被授权的关系，更是相互依存、相互促进、共兴共荣的紧密关系。

监理单位接受委托之后，项目法人就把一部分工程项目建设管理权授予监理单位，如工程建设组织协调工作的主持权、施工质量以及建筑材料与设备质量的确认权与否决权、工程量与工程价款支付的确认权与否决权、工程建设进度和建设工期的确认权与否决权以及围绕工程项目建设的各种建议权等。项目法人往往留有工程建设规模和建设标准的决定权、对承建商的选定权、与承建商订立合同的签认权以及工程竣工后或分阶段的验收权等。监理单位根据项目法人的授权开展工作，在工程建设的具体实践活动中居于相当重要的地位，但是，监理单位毕竟不是项目法人的代理人。监理单位既不是以项目法人的名义开展监理活动，也不能让项目法人对自己的监理行为承担任何民事责任。

3. 项目法人与监理单位之间是合同关系

项目法人与监理单位之间的委托与被委托关系确立后，双方订立工程建设监理合同。监理合同一经双方签订，这就意味着双方的权利、义务和职责都体现在签订的监理合同中。众所周知，项目法人、监理单位、承包人是建设市场中的三个重要的主体。项目法人发包工程建设业务，承包人承接工程建设业务。在这项交易活动中，项目法人向承包人购买建设产品。项目法人总是想少花钱而买到好产品，承包人总想获得较高的利润。监理单

位的责任则是既帮助项目法人购买到合适的建设产品,又要维护承包人的合法权益。也就是说,监理单位与项目法人签订的监理合同,不仅表明监理单位要为项目法人提供高智能监理服务,维护项目法人的合法权益,而且也表明,监理单位有责任维护承包人的合法权益。这在其他经济合同中是难以找到的条款。可见,监理单位在建筑市场的交易活动中处于建筑商品买卖双方之间,起着维系公平交易、等价交换的制衡作用。因此,不能把监理单位单纯地看成是项目法人利益的代表,这里应当强调的是:

(1) 项目法人与监理单位之间的委托与被委托关系是主体地位完全平等的合同关系。项目法人不得随时随地指派委托合同约定以外的工作任务。如果项目法人在委托合同约定的任务外还需委托其他工作任务,则必须按监理合同的规定进行,或与监理单位协商,补充或修订委托合同条款,或另外签订委托合同。

(2) 虽然监理单位是受项目法人委托开展监理工作的,但在工作中,应独立、公正地处理项目法人与被监理单位的利益,不得偏袒项目法人利益而损害被监理单位利益。

(三) 监理单位与承包人的关系

监理单位与承包人之间不订立也不应该订立任何合同或协议,但是,由于同处于建设市场之中,所以,两者之间也有着多种紧密的关系。

1. 监理单位与承包人之间是法律地位平等的关系

如前所述,承包人也是建设市场的主体之一。没有承包人,也就没有建设产品。像项目法人一样,承包人是建设市场的重要主体,并不等于他应当凌驾于其他主体之上。既然都是建设市场的主体,那么,就应该是平等的。这种平等的关系,主要体现在都是为了完成工程建设任务而承担一定的责任。无论是监理单位还是承包人,都是在工程建设的法律、法规、规章、规范、标准等条款的制约下开展工作的。两者之间不存在领导与被领导的关系。

2. 监理单位与承包人之间是监理与被监理的关系

虽然监理单位与承包人之间没有合同关系,但是,监理单位与项目法人签订有监理合同,承包人与项目法人签订有承包合同。监理单位依据项目法人的授权,就有了监督管理承包人履行工程承包合同的权利。承包人不再与项目法人直接交往,而转向与监理单位直接联系,并接受监理单位对自己进行工程建设活动的监督管理。

三、监理单位的企业组织形式

根据《中华人民共和国公司法》(以下简称《公司法》),公司制的工程监理企业主要有两种形式,即有限责任公司和股份有限公司。

(一) 有限责任公司

1. 公司设立条件

有限责任公司由1个以上、50个以下股东出资设立,设立有限责任公司,应当由股东共同制定公司章程。修订后的《公司法》取消了设立有限责任公司应当具备的具体条件,相关内容在公司章程和《公司法》的有关条款中进行规定。

2. 公司注册资本

有限责任公司的注册资本为在公司登记机关登记的全体的股东认缴的出资额。全体股东认缴的出资额由股东按照公司章程的规定自公司成立之日起 5 年内缴足。

3. 公司组织机构

（1）股东会。有限责任公司股东会由全体股东组成。股东会是公司的权力机构，依照《公司法》行使职权。

（2）董事会。有限责任公司设董事会，董事会成员为 3 人以上，其成员中可以有公司职工代表。职工人数 300 以上的有限责任公司，除依法设监事会并有公司职工代表的外，其董事会成员中应当有公司职工代表。董事会中的职工代表由公司职工通过职工代表、职工大会或者其他形式民主选举产生。

（3）经理。有限责任公司可设经理，由董事会决定聘任或者解聘。经理对董事会负责，根据公司章程的规定或者董事会的授权行使职权，修订后的《公司法》取消了有限责任公司经理的法定职权，改为由章程规定或董事会授权。

（4）监事会。有限责任公司设监事会，其成员为 3 人以上，监事会成员应当包括股东代表和适当比例的公司职工代表，其中职工代表的比例不得低于三分之一，具体比例由公司章程规定。有限责任公司可以按照公司章程的规定，在董事会中设置由董事会组成的审计委员会，行使《公司法》规定的监事会的职权，不设监事会或者监事。

（二）股份有限公司

股份有限公司的设立，可以采取发起设立或者募集设立的方式。发起设立是指由发起人 1 人认购公司应发行的全部股份而设立公司。募集设立是指由发起人认购公司应发行股份的一部分，其余股份向社会公开募集或者向特定对象募集而设立公司。

1. 公司设立条件

设立股份有限公司，应当有 2 人以上、200 人以下为发起人，其中须有半数以上的发起人在中国境内有住所。设立股份有限公司，应当具备下列条件：

（1）发起人符合法定人数。

（2）有符合公司章程规定的全体发起人认购的股本总额或者募集的实收股本总额。

（3）股份发行、筹办事项符合法律规定。

（4）发起人制定公司章程，采用募集方式设立的，经创立大会通过。

（5）有公司名称，建立股份有限公司的组织机构。

（6）有公司住所。

2. 公司注册资本

股份有限公司采取发起设立或者募集设立的方式，设立股份有限公司，应当有 1 人以上 200 人以下为发起人，其中应当有半数以上的发起人在中华人民共和国境内有住所。应当有发起人共同制订公司章程，发起人应当在公司成立前按照其认购的股份全额缴纳股款。

3. 公司组织机构

（1）股东会。股份有限公司股东会由全体股东组成。股东会是公司的权力机构，依照《公司法》行使职权。

（2）董事会。股份有限公司设董事会，董事会成员为 3 人以上，其成员中可以有公司职工代表。职工人数 300 人以上的，除依法设监事会并有公司职工代表的外，其董事会成员中应当有公司的职工代表。

（3）经理。股份有限公司设经理，由董事会决定聘任或者解聘。经理对董事会负责，根据公司章程的规定或者董事会的授权行使职权。

（4）监事会。股份有限公司设监事会，监事会成员为 3 人以上。

四、监理单位的经营活动准则

监理单位从事工程建设监理活动，应当遵循"守法、诚信、公正、科学"的准则。

（一）守法

守法，这是任何一个具有民事行为能力的单位或个人最起码的行为准则，对于监理单位企业法人来说，守法就是要依法经营。

（1）监理单位只能在核定的业务范围内开展经营活动。这里所说的核定的业务范围，是指监理单位资质证书中填写的、经建设监理资质管理部门审查确认的经营业务范围。核定的业务范围有两层内容，一是监理业务的性质；二是监理业务的等级。监理业务的性质是指可以监理什么专业的工程。例如，以水工建筑、测量、地质等专业人员为主组成的水利工程建设监理单位，只能监理水利工程施工，而不能监理水土保持工程施工。监理业务的等级是指要按照核定的监理资质等级承接监理业务。例如，取得水利工程施工监理甲级资质的监理单位可以承担各等级水利工程的施工监理业务；而取得水利工程施工监理丙级资质的监理单位，只可以承担Ⅲ等（堤防 3 级）以下各等级水利工程的施工监理业务。

（2）监理单位不得伪造、涂改、出租、出借、转让、出卖水利工程建设监理单位资质等级证书。

（3）建设监理合同一经双方当事人依法签订，即具有法律约束力，监理单位应按照合同的规定认真履行，不得无故或故意违背自己的承诺。

（4）监理单位离开原住所承接监理业务，要自觉遵守当地人民政府颁发的监理法规和有关规定，并要主动服从监理工程所在地水行政主管部门的监督管理。

（5）遵守国家关于企业法人的其他法律、法规的规定，包括行政的、经济的规定和技术标准。

（二）诚信

所谓诚信，简单地讲，就是忠诚老实、讲信用，这是做人的基本品德，也是考核企业信誉的核心内容。

每个监理单位，甚至每一个监理人员能否做到诚信，都会对这一事业造成一定的影响，尤其对监理单位、对监理人员自己的声誉带来很大影响。所以说，诚信是监理单位经营活动基本准则的重要内容之一。

（三）公正

所谓公正，主要是指监理单位在处理项目法人与承包人之间的矛盾和纠纷时，要做到"一碗水端平"，是谁的责任就由谁承担；该维护谁的权益就维护谁的权益。决不能因为监理单位受项目法人的委托，就偏袒项目法人。一般来说，监理单位维护项目法人的合法权益容易做到，而维护承包人的利益比较难。要真正做到公正地处理问题也不容易。监理单位要做到公正，必须要做到以下几点：

(1) 要培养良好的职业道德，不为私利而违心地处理问题。

(2) 要坚持实事求是的原则，不唯上级或项目法人的意见是从。

(3) 要提高综合分析问题的能力，不因局部问题或表面现象模糊自己的"视听"。

(4) 要不断提高自己的专业技术能力，尤其是要尽快提高综合理解、熟练运用工程建设有关合同条款的能力，以便以合同条款为依据，恰当地协调、处理问题。

（四）科学

所谓科学，是指监理单位的监理活动要依据科学的方案，运用科学的手段，采取科学的方法。工程项目监理任务完成后，还要进行科学的总结。总之，监理工作的核心问题是"预控"，必须要有科学的思想和科学的方法。凡是处理业务，要有可靠的依据和凭证；凡是判断问题，要用数据说话。监理单位实施监理要制订科学的计划，要采用科学的手段和科学的方法。只有这样，才能提供高智能的、科学的服务，才能符合建设监理事业发展的规律。

第二节　水利工程建设监理单位资质和业务范围

一、监理单位资质的概念

监理单位的资质主要体现在监理能力和监理效果上。所谓监理能力，是指所能监理的建设项目的类别和等级。所谓监理效果，是指对建设项目实施监理后，在工程资金、质量、进度、安全目标等方面所取得的成果。监理单位的监理能力和监理效果主要取决于监理人员素质、专业配套能力、技术装备、监理业绩以及管理水平等。

（一）监理人员素质

监理单位的产品是高智能、高质量的技术服务，监理单位是知识密集型企业。监理单位的工作性质决定了监理人员应具备较高的专业技能，一个监理人员如果没有较高的专业技术水平，就难以胜任监理工作，更不可能提供高质量的监理服务。因此，监理单位的人员具有较好的技能是非常重要的，也是监理单位在监理市场上立于不败之地的根本保证。

（二）专业配套能力

水利水电工程建设生产工艺十分复杂，涉及的学科知识很广，需要水工建筑、水工结构、电气设备、地质、测量等多个专业的人员共同努力才能完成。因此，承担监理业务的监理单位也必须配备相应专业的监理人员才能顺利完成监理任务。一个监理单位，配备的专业监理人员是否满足其从事的监理业务范围的要求，在很大程度上决定了它监理能力的大小、强弱。

（三）技术装备

监理单位的技术装备也是其资质要素之一，尽管建设监理是一门管理性的专业，但是必须明确，在科学发展的今天，如果没有先进的技术装备辅助管理，就谈不上科学管理。监理人员要进行检查检验、测量、复核、确认质量等都离不开相应的设备，如计算机、测量仪器、交通、通信设备、照相机、录像机等；为了有效提高监理工作质量和工作效率，开发应用信息化管理系统，采用信息化手段开展监理工作。因此，作为进行科学管理的辅助手段，先进的技术、设备是必不可少的。

（四）监理业绩

监理业绩是指监理单位成立之后，从事监理工作的历程。一般情况下，监理单位从事监理业务的年限越长，监理的项目可能就越多，监理的成效会越大，监理的经验越丰富。因此，监理经历是确定监理单位资质的重要因素之一。

（五）管理水平

管理是一门科学。对于监理企业来说，管理包括组织管理、人事管理、财务管理、设备管理、生产经营管理、合同管理、档案文书管理等诸多方面的内容。一个管理水平高的监理企业，既要有一个好的领导班子，还要有严格的管理制度，才能达到人尽其才、物尽其用、成效突出，监理企业才具有蓬勃发展的巨大动力。

二、水利工程建设监理单位资质专业和等级

监理单位的资质等级按《水利工程建设监理单位资质管理办法》（水利部令第29号）第六条规定，水利工程建设监理单位资质划分为四类专业：

(1) 水利工程施工监理专业。

(2) 水土保持工程施工监理专业。

(3) 机电及金属结构设备制造监理专业。

(4) 水利工程建设环境保护监理专业。

按照《国务院关于深化"证照分离"改革进一步激发市场主体发展活力的通知》要求，水利部已于2021年取消了水利工程建设监理单位丙级资质认定。水利工程施工监理和水土保持工程施工监理两个专业资质由原来的甲、乙、丙三个等级调整为甲、乙两个等级。乙级资质条件调整为《水利工程建设监理单位资质管理办法》规定的原丙级资质条件；现有的丙级资质并入乙级资质，可以承担《水利工程建设监理单位资质管理办法》规定的乙级资质业务范围。

（一）甲级监理单位资质条件

(1) 具有健全的组织机构、完善的组织章程和管理制度。技术负责人具有高级专业技术职称，并取得监理工程师资格证书。

(2) 专业技术人员。监理工程师以及其中具有高级专业技术职称的人员，均不少于规定的人数。造价工程师不少于3人。

(3) 具有五年以上水利工程建设监理经历，且近三年监理业绩满足以下条件。

1) 申请水利工程施工监理专业资质，应当承担过（含正在承担，下同）1项Ⅱ等水利枢纽工程，或者2项Ⅱ等（堤防2级）其他水利工程的施工监理业务；该专业资质许可的监理范围内的近三年累计合同额不少于600万元。

承担过水利枢纽工程中的挡流、泄流、导流、发电工程之一的，可视为承担过水利枢纽工程。

2) 申请水土保持工程施工监理专业资质，应当承担过 2 项 Ⅱ 等水土保持工程的施工监理业务；该专业资质许可的监理范围内的近三年累计合同额不少于 350 万元。

3) 申请机电及金属结构设备制造监理专业资质，应当承担过 4 项中型机电及金属结构设备制造监理业务；该专业资质许可的监理范围内的近三年累计合同额不少于 300 万元。

(4) 能运用先进技术和科学管理方法完成建设监理任务。

(二) 乙级监理单位资质条件

(1) 具有健全的组织机构、完善的组织章程和管理制度。技术负责人具有高级专业技术职称，并取得监理工程师资格证书。

(2) 专业技术人员。监理工程师以及其中具有高级专业技术职称的人员，均不少于规定的人数。造价工程师不少于 1 人。

(3) 能运用先进技术和科学管理方法完成建设监理任务。

三、水利工程建设监理单位业务范围

水利工程建设监理单位各专业资质等级可以承担的业务范围按《资质管理办法》第七条规定，具体规定如下。

(一) 水利工程施工监理专业资质

(1) 甲级可以承担各等级水利工程的施工监理业务。

(2) 乙级可以承担 Ⅱ 等（堤防 2 级）以下各等级水利工程的施工监理业务。

适用《水利工程建设监理单位资质管理办法》（水利部令第 29 号）的水利工程等级划分标准按照《水利水电工程等级划分及洪水标准》（SL 252—2017）执行，详见表 3-1。

表 3-1 水利水电工程分等指标

工程等别	工程规模	水库总库容/亿 m^3	防洪			治涝	灌溉	供水		发电
			保护人口/万人	保护农田面积/万亩	保护区当量经济规模/万人	治涝面积/万亩	灌溉面积/万亩	供水对象重要性	年引水量/亿 m^3	发电装机容量/MW
Ⅰ	大 (1) 型	≥10	≥150	≥500	≥300	≥200	≥150	特别重要	≥10	≥1200
Ⅱ	大 (2) 型	<10, ≥1.0	<150, ≥50	<500, ≥100	<300, ≥100	<200, ≥60	<150, ≥50	重要	<10, ≥3	<1200, ≥300
Ⅲ	中型	<1.0, ≥0.10	<50, ≥20	<100, ≥30	<100, ≥40	<60, ≥15	<50, ≥5	比较重要	<3, ≥1	<300, ≥50
Ⅳ	小 (1) 型	<0.10, ≥0.01	<20, ≥5	<30, ≥5	<40, ≥10	<15, ≥3	<5, ≥0.5	一般	<1, ≥0.3	<50, ≥10
Ⅴ	小 (2) 型	<0.01, ≥0.001	<5	<5	<10	<3	<0.5		<0.3	<10

注 1. 水库总库容指水库最高水位以下的静库容；治涝面积指设计治涝面积；灌溉面积指设计灌溉面积；年引水量指供水工程渠首设计年均引（取）水量。
  2. 保护区当量经济规模指标仅限于城市保护区；防洪、供水中的多项指标满足 1 项即可。
  3. 按供水对象的重要性确定工程等别时，该工程应为供水对象的主要水源。

(二) 水土保持工程施工监理专业资质

(1) 甲级可以承担各等级水土保持工程的施工监理业务。

(2) 乙级可以承担Ⅱ等以下各等级水土保持工程的施工监理业务。

同时具备水利工程施工监理专业资质和乙级以上水土保持工程施工监理专业资质的，方可承担淤地坝中的骨干坝施工监理业务。

适用《水利工程建设监理单位资质管理办法》（水利部令第29号）的水土保持工程等级划分标准见表3-2。

表3-2 水土保持工程等级划分标准

等别	水土保持综合治理项目面积 /km²	沟道治理工程总库容 /万 m³	开发建设项目的水土保持工程征占地面积/hm²
Ⅰ	≥500	100～500	>500
Ⅱ	150～500	50～100	50～500
Ⅲ	<150	<50	<50

(三) 机电及金属结构设备制造监理专业资质

(1) 甲级可以承担水利工程中的各类型机电及金属结构设备制造业务。

(2) 乙级可以承担水利工程中的中、小型机电及金属结构设备制造监理业务。

适用《水利工程建设监理单位资质管理办法》（水利部令第29号）的机电及金属结构设备等级划分标准见表3-3～表3-5。

表3-3 发电机组、水轮机组等级划分标准

工程规模	划分标准（装机容量/万 kW）	工程规模	划分标准（装机容量/万 kW）	工程规模	划分标准（装机容量/万 kW）
大型	≥30	中型	5～30	小型	<5

表3-4 水工金属结构设备（闸门、压力钢管、拦污设备）等级划分标准

	规格分档	参数标准：FH=门叶面积（m²）×设计水头（m）	
闸门	大型	FH≥1000	
	中型	200≤FH<1000	
	小型	FH<200	
	规格分档	参数标准：DH=直径（m）×设计水头（m）	
压力钢管	大型	DH≥300	
	中型	50≤DH<300	
	小型	DH<50	
	规格分档	参 数 标 准	
		耙斗式/m³	回转式/m²
拦污设备	大型	耙斗容积≥3	齿耙宽度×清污深度≥100
	中型	1≤耙斗容积<3	30≤齿耙宽度×清污深度<100
	小型	耙斗容积<1	齿耙宽度×清污深度<30

表 3-5　　　　　　　　　　　起重设备等级划分标准

规格分档	划分标准（起重量 G）	规格分档	划分标准（起重量 G）	规格分档	划分标准（起重量 G）
大型	$G \geqslant 100t$	中型	$30t \leqslant G < 100t$	小型	$G < 30t$

（四）水利工程建设环境保护监理专业资质

水利工程建设环境保护专业监理单位可以承担各类各等级水利工程建设环境保护监理业务。

第三节　监理单位资质管理

水利工程建设监理单位资质等级由水利部负责认定与管理。水利部所属流域管理机构和省、自治区、直辖市人民政府水行政主管部门依照管理权限，负责有关的水利工程建设监理单位资质申请材料的接收、转报以及相关管理工作。

申请水利工程建设监理资质的单位应当按照拥有的技术负责人、专业技术人员、注册资金和工程监理业绩等条件申请相应的资质等级；并应当具备《资质管理办法》规定的资质条件。水利工程建设监理单位资质一般按照专业逐级申请，不得越级申请。申请水利工程建设监理资质的单位可以申请一个或者两个以上专业资质。

按《资质管理办法》第九条规定：监理单位资质每年集中认定一次，受理时间由水利部提前向社会公告。需要注意的是，经水利部认定资质的监理单位分立后申请重新认定监理单位资质以及监理单位申请资质证书变更或者资质延续的，不适用此规定。

一、申请

（一）提交申请材料

申请水利工程建设监理资质的单位按《资质管理办法》的规定，应当向其注册地的省、自治区、直辖市人民政府水行政主管部门提交申请材料。但是，水利部直属单位独资或者控股成立的企业申请监理单位资质的，应当向水利部提交申请材料；流域管理机构直属单位独资或者控股成立的企业申请监理单位资质的，应当向该流域管理机构提交申请材料。

(1) 首次申请水利工程建设监理资质的单位，应当提交以下材料。

1) 水利工程建设监理单位资质等级申请表。

2) 企业法人营业执照或者工商行政管理部门核发的企业名称预登记证明。

3) 验资报告。

4) 企业章程。

5) 法定代表人身份证明。

6) "水利工程建设监理单位资质等级申请表"中所列监理工程师的资格证书和申请人同意注册证明文件（已在其他单位注册的，还需提供原注册单位同意变更注册的证明），总监理工程师岗位证书，以及上述人员的劳动合同和社会保险凭证。

(2) 申请晋升、重新认定、延续监理单位资质等级的，除提交上述所列材料外，还应当提交以下材料。

1) 原"水利工程建设监理单位资质等级证书"（副本）。

2) "水利工程建设监理单位资质等级申请表"中所列监理工程师证书。

3) 近三年承担的水利工程建设监理合同书，以及已完工程的建设单位评价意见。需要强调的是，申请人应当如实提交有关材料和反映真实情况，并对申请材料的真实性负责。《资质管理办法》规定：监理单位被吊销资质等级证书的，三年内不得重新申请；因违法违规行为被降低资质等级的，两年内不得申请晋升资质等级；受到其他行政处罚，受到通报批评、情节严重，被计入不良行为档案，或者在审计、监察、稽查、检查中发现存在严重问题的，一年内不得申请晋升资质等级。法律法规另有规定的，从其规定。

（二）申请材料的接收和转报

省、自治区、直辖市人民政府水行政主管部门和流域管理机构应当自收到申请材料之日起20个工作日内提出意见，并连同申请材料转报水利部。

二、受理

水利部按照《中华人民共和国行政许可法》第三十二条的规定办理受理手续。《中华人民共和国行政许可法》第三十二条规定：

行政机关对申请人提出的行政许可申请，应当根据下列情况分别作出处理：

(1) 申请事项依法不需要取得行政许可的，应当及时告知申请人不受理。

(2) 申请事项依法不属于本行政机关职权范围的，应当及时作出不予受理的决定，并告知申请人向有关行政机关申请。

(3) 申请材料存在可以当场更正的错误的，应当允许申请人当场更正。

(4) 申请材料不齐全或者不符合法定形式的，应当当场或者在5日内一次告知申请人需要补正的全部内容，逾期不告知的，自收到申请材料之日起即为受理。

(5) 申请事项属于本行政机关职权范围，申请材料齐全、符合法定形式，或者申请人按照本行政机关的要求提交全部补正申请材料的，应当受理行政许可申请。行政机关受理或者不予受理行政许可申请，应当出具加盖本行政机关专用印章和注明日期的书面凭证。

三、认定

（一）认定时间

水利部应当自受理申请之日起20个工作日内作出认定或者不予认定的决定；20个工作日内不能作出决定的，经本机关负责人批准，可以延长10个工作日。

（二）公示

水利部在作出决定前，组织对申请材料进行评审，将评审结果在水利部网站公示，公示时间不少于7日。水利部制作《水行政许可除外时间告知书》，将评审和公示时间告知申请人。

（三）证书颁发

水利部决定予以认定的，在10个工作日内颁发"水利工程建设监理单位资质等级证书"；不予认定的，书面通知申请人并说明理由。

（四）证书有效期

"水利工程建设监理单位资质等级证书"包括正本一份、副本四份，正本和副本具有同等法律效力，有效期为 5 年。

（五）变更管理

水利工程建设监理单位资质等级证书有效期内，监理单位的名称、地址、法定代表人等工商注册事项发生变更的，应当在变更后 30 个工作日内向水利部提交水利工程监理单位资质等级证书变更申请并附工商注册事项变更的证明材料，办理资质等级证书变更手续。水利部自收到变更申请材料之日起 3 个工作日内办理变更手续。

（六）分立管理

监理单位分立的，应当自分立后 30 个工作日内，按照《资质管理办法》第十条、第十一条的规定，提交有关申请材料、分立决议以及监理业绩分割协议，申请重新认定监理单位资质等级。

（七）资质延续

水利工程建设监理单位资质等级证书有效期届满，需要延续的，监理单位应当在有效期届满 30 个工作日前，按照《资质管理办法》第十条、第十一条的规定，向水利部提出延续资质等级的申请。水利部在资质等级证书有效期届满前，作出是否准予延续的决定。

（八）公告

水利部将资质等级证书的发放、变更、延续等情况及时通知有关省、自治区、直辖市人民政府水行政主管部门或者流域管理机构，并定期在水利部网站发布公告。

第四节 水利工程建设监理人员

一、监理人员的概念

水利工程建设监理人员包括监理员、监理工程师和总监理工程师。水利部于 2017 年发布了《水利部办公厅关于加强水利工程建设监理工程师造价工程师质量检测员管理的通知》（办建管〔2017〕139 号），根据《国务院关于取消一批职业资格许可和认定事项的决定》（国发〔2016〕68 号）和人力资源社会保障部公示的国家职业资格目录清单，水利工程建设监理工程师、水利工程造价工程师以及水利工程质量检测员（以下简称三类人员）纳入国家职业资格制度体系，实施统一管理。取消水利工程建设总监理工程师执业资格。各监理单位可根据工作需要自行聘任满足工作要求的监理工程师担任总监理工程师。总监理工程师人数不再作为水利工程建设监理单位资质认定条件之一。取消水利工程建设监理员职业资格，监理单位可根据工作需要自行聘任具有工程类相关专业学习和工作经历的人员担任监理员。

监理员是指经监理单位任命，在监理机构中承担辅助性施工监理工作的人员。水利工程建设监理工程师是指经全国水利工程建设监理工程师资格统一考试合格，经批准获得

《监理工程师资格证书》,并经注册机关注册取得岗位证书,且从事建设监理业务的人员。监理工程师系岗位职务,并非国家现有专业技术职称的一个类别,而是指工程建设监理的执业资格。监理工程师的这一特点,决定了监理工程师并非终身职务。只有具备资格持证上岗,从事监理业务的人员,才能成为监理工程师。

总监理工程师是指受监理单位任命,全面负责监理机构监理工作的监理工程师。水利工程建设监理实行总监理工程师负责制。总监理工程师是项目监理机构履行监理合同的总负责人,行使合同赋予监理单位的全部职责,全面负责项目监理工作。项目总监理工程师对监理单位负责;副总监理工程师对总监理工程师负责;部门监理工程师或专业监理工程师对副总监理工程师或总监理工程师负责。监理员对监理工程师负责,协助监理工程师开展监理工作。

二、监理人员的基本素质要求

(一)监理员的基本素质要求

监理员应具有一定的专业背景知识,掌握必要的水利工程建设专业技术知识。

(二)监理工程师基本素质要求

一个监理工程师要有广泛的知识面、较高的业务水平和丰富的工程实践经验,应该具有较强的综合能力。只有设计或施工经验的工程师,不一定能胜任监理工程师的工作。这就要求监理工程师在知识结构和工作经验上,必须高于一般的设计或施工经验的工程师。

1. 对监理工程师知识结构和业务水平的要求

(1)监理工程师应当具有较高的理论水平。监理工程师作为从事工程监理活动的骨干人员,只有具有较高的理论水平,才能保证在监理过程中抓重点、抓方法、抓效果,把握监理的大方向并坚持正确的原则,才能起到权威作用。监理工程师的理论水平,来自本身的理论修养,这种理论修养应当是多方面的。首先,在工程建设方针、政策、法律、法规方面,应当具有较高的造诣,并能联系实际,从而使监理工作有根有据、扎实稳妥,这是使监理工作立于不败之地的基本保证。其次,应当掌握工程建设方面的专业理论,知其然并知其所以然,在解决实际问题时能够透过现象看本质,从根本上解决和处理问题。

(2)监理工程师应当具有丰富的专业技术知识。监理工程师要向项目法人提供工程项目的技术咨询服务,必须具有高于一般专业技术人员的专业技术知识和较丰富的工程建设实践经验。这里所说的技术是指为完成监理各项任务所需要的知识和技能,也就是理论知识的应用。监理工程师在开展监理业务的整个过程中,都在应用各种技术来为客户解决工程技术问题,提供工程服务。只有经过工程实际的反复锻炼,才能使技术水平达到应有的高度。监理工程师面临的是一个工程项目投入到产出的转化过程,在这个过程中,是什么力量使投入的人、财、物变为建筑产品的呢?正是掌握着科学技术的人们,而其中的工程监理活动,即是这种转化活动不可缺少的一环。因此,监理工程师必须要有较高的专业技术水平,而且在专业知识的深度与广度方面,应当达到能够解决和处理工程问题的程度。他们需要把建筑、结构、施工、材料、设备、工艺等方面的知识融于监理之中,去发现问题,提出方案,作出决策,确定细则,贯彻实施。

(3) 监理工程师应当具有足够的管理知识。监理机构在一个项目建设中应作为合同的核心管理者,要求监理工程师应具备规划、控制、组织协调和应变的能力,其中组织协调和应变能力是衡量其管理能力最主要的方面,对处于关键岗位的监理工程师更是如此要求。应变能力指能因人、因事、因时间、因空间、因环境、因目标的不同而采取不同的组织、管理方法和领导方式,使之与实际情况尽量保持协调,从而使工程项目的监理工作有效能、有效益和有效率。因此,监理工程师要胜任监理工作,就应当有足够的管理知识和技能。其中,最直接的管理知识是工程项目管理知识。监理工程师为了能够协助项目法人实现项目目标,所做的一系列工作都是围绕管理开展,诸如,风险分析与管理、目标分解与综合、动态控制、信息管理、合同管理、协调管理、组织设计、安全管理等。监理工程师所进行的管理工作,贯穿整个项目的始终。

(4) 监理工程师应当熟知法律、法规的知识。监理工程师要协助项目法人组织招标工作,协助项目法人起草和商签承包合同,并进行工程承包合同实施的监督管理,特别要熟知《中华人民共和国民法典》和国家制定的有关招标投标的法规,同时还要具备工程建设合同管理方面的知识和经验。监理工程师要做项目法人与承包单位双方之间的合同纠纷调解工作,因此,要求监理工程师必须懂得法律,必须具备较高的组织协调能力,同时必须有高尚的品德,能公正地处理承包合同履行过程中出现的问题,积极维护项目法人和承包单位双方的利益,不能偏袒任何一方。因此,监理工程师应熟悉和掌握工程建设相关法律法规,尤其要通晓建设监理法规体系。建设监理法规是开展监理工作的依据,没有法律、法规作为监理的后盾,建设监理将一事无成。特别重要的一项知识是关于工程合同方面的。合同是监理工程师最直接的监理依据,每一位监理工程师无论从事何种监理工作,其实都是在合同约定的条件下开展的。合同的重要性对监理工程师是不言而喻的,所以,法律和法规方面的知识以及工程合同知识,对监理工程师是必不可少的。

(5) 监理工程师应当具备足够的经济方面的知识。因为从整体讲,工程项目的实现是一项投资的实现。从项目的提出到项目的建成乃至它的整个寿命期,资金的筹集、使用、控制和偿还都是极为重要的工作。在项目实施过程中,监理工程师需要做好各项经济方面的监理工作,收集、加工、整理经济信息;协助项目法人确定项目或对项目进行论证;对计划进行资源、经济、财务方面的可行性分析;对各种工程变更方案进行技术、经济分析;以及概预算审核、编制资金使用计划、价值分析、工程结算等。经济方面的知识,是监理工程师所从事的业务不可缺少的一门专业知识。

(6) 监理工程师应当具有较高的外语水平。监理工程师如果从事国际工程的监理,则必须具有较高的专业外语水平,即具有专业会话、谈判、阅读(招标文件、合同条件、技术规范等)以及写作(公函、合同、电传等)方面的外语能力。同时,还要具有国际金融、国际贸易和国际经济技术合作有关的法律等方面的基础知识。

除了以上六部分外,监理工作还需要一些其他方面的知识。例如,监理要在不断地协调中开展工作,就需要掌握一些公关知识和社会心理学知识、先进的信息管理技术等。

以上所归纳的监理工程师应当具备的专业知识,是开展工作所必需的。对于监理工程师而言,应当做到"一专多能"。某位监理工程师,可能是技术方面的专家,同时他又懂得管理、经济和法律方面的监理所需要的基本知识;可能是管理方面的专家,同时应当懂技术、经济和法律方面的监理所需知识;可能是合同管理方面的专家,同时懂得技术、管理和经济方面的基本知识。建设监理需要的是"通才",知识结构应当具备综合性的特点,同时还应当具有"专长",应当对工程建设的某些方面具有特殊能力。只有如此,才符合建设监理对于人才的需要。

监理工程师的这种知识结构要求,来自工程项目监督和管理的特殊性。在监理过程中,每解决一项工程问题,往往要打破各个专业界限,综合应用各项有关的专业知识。例如,负责进度控制的监理工程师需要先制订一个可行又优化的进度计划,然后再实施这项计划。制订计划时需要进行技术可行性分析、经济可行性分析,需要对计划中的工作确定具体的实施方案,同时还需要理解工程承包合同的要求等。这里就包括了技术、经济、合同方面的基本知识和技能。在实施过程中要不断地发现问题,提出解决问题的方案,确定实施方案,制定具体实施措施,并在执行过程中进行检查。所有这些,都属于管理的范畴。可见,监理是一项综合性的工作,需要具有综合的知识结构和专业特长的人才能胜任。各有关专业知识的取得,与监理工程师的学历密不可分,同时综合性的知识结构,又与他们的继续教育程度有关。

2. 对监理工程师工程实践经验和能力的要求

作为一名合格的、出色的监理工程师,必须具有丰富的工程建设实践经验,这是监理工程师应具备的重要条件。没有知识就谈不到应用,而提高应用水平离不开实践,经验来自积累,解决工程实际问题,离不开正反两方面的工程经验。

工程监理是一项实践性很强的工作。而且监理活动又往往伴随着工程项目的动态过程进行,因此监理工程师需要在动态过程中实施监理。从监理的主要工作来看,发现问题与解决问题始终贯穿在整个监理过程中。而发现和解决问题的能力,在很大程度上取决于监理工程师的经验和阅历。见多识广,就能够对可能发生的问题加以预见,从而采取主动控制措施;经验丰富,就能够对突然出现的问题及时采取有效方法来加以处理。积累工程经验相当于建立存储解决工程问题的"方法库",对"常见病"可以按惯用"药方"有效解决,对新问题可以借鉴类似问题的解决方法。因此,丰富的工程经验是做好监理工作的基本保证。

监理工程师既需要设计方面的经验,也需要施工方面的经验,因为这两方面构成了工程项目实施阶段承建方的基本工作,是监理工程师进行监督管理的主要内容。监理工程师需要工程招标方面的经验,因为协助项目法人选择理想的承包单位是项目法人的基本需求,也是做好监理工作的先决条件。监理工程师需要各类工程项目方面的经验,包括参加过哪些工程、这些工程的性质如何、规模多大、什么标准、工程强度大小等。监理工程师需要积累工程项目环境经验,包括项目的自然环境经验和社会环境经验,这是因为工程项目的实现总是与环境息息相关,环境既能带来干扰又能带来有利因素,了解环境、熟悉环境并对环境具有一定的适应性,是工程顺利实施的重要条件。概括起来,工程经验包括从事工程建设的时间长短、经历过的工程种类多少、所涉及的工程专业范围大小、工程所在地区域范围、项目外部环境经验、工程业绩等。

工程经验历来作为监理工程师的重要素质之一。确定监理工程师的资格要看其工程经验，项目法人选择监理单位要看配备在本工程中的监理工程师的工程经验。对从事监理工作的监理工程师来说，工程经验，尤其是监理经验，是十分宝贵的财富。国内、国外对监理工程师资格的确认，都把工程建设实践经验作为重要的一个考核条件。

（三）总监理工程师的素质要求

总监理工程师是监理单位派往项目执行组织机构的全权负责人。在国外，有的监理委托合同是以总监理工程师个人的名义与项目法人签订的。可见，总监理工程师在项目监理过程中，扮演着一个很重要的角色，承担着工程监理的最终责任。总监理工程师在项目建设中所处的位置，要求他是一个技术水平高、管理经验丰富、能公正执行合同并已取得政府主管部门核发资格证书的监理工程师，在整个施工阶段，总监理工程师人选不宜更换，以利于监理工作的顺利开展。

1. 专业技术知识的深度

总监理工程师必须精通专业知识，其特长应和项目专业技术相匹配。作为总监理工程师，如果不懂专业技术，就很难在重大技术方案、施工方案的决策上勇于决断，更难以按照工程项目的工艺逻辑、施工逻辑开展监理工作和鉴别工程施工技术方案、工程设计和设备选型等的优劣。

当然，不能要求总监理工程师对所有的技术都很精通，但必须熟悉主要技术，再借助技术专家和各专业工程师的帮助，就可以应付自如，胜任职责。例如，从事水利水电工程建设的总监理工程师，要求必须精通水利水电专业知识。水利水电工程尤其是大、中型工程项目，其施工工艺复杂，专业性较强。作为总监理工程师，如果不懂水利水电专业技术，就很难胜任水利水电工程建设项目的监理工作。

2. 管理知识的广度

监理工作具有专业交叉渗透、覆盖面宽等特点。因此，总监理工程师不仅需要一定深度的专业知识，更需要具备管理知识和才能。只精通技术，不熟悉管理的人不宜做总监理工程师。

3. 领导艺术和组织协调能力

总监理工程师要带领监理人员圆满实现项目目标，要与上上下下的人合作共事，要与不同地位和知识背景的人打交道，要把各方面的关系协调好。这一切都离不开高超的领导艺术和良好的组织协调能力。

（1）总监理工程师的理论修养。现代行为科学和管理心理学，应作为总监理工程师研究和应用的理论武器。其中的组织理论、需求理论、授权理论、激励理论，应作为潜心研究的理论知识，用于提高自身理论修养水平。

（2）总监理工程师的榜样作用。作为监理工程师班子的带头人，总监理工程师榜样作用的本身就是无形的命令，具有很大的号召力。这种榜样作用往往是靠领导者的作风和行动体现的。总监理工程师的实干精神、开拓进取精神、团结精神、牺牲精神、不耻下问的精神和雷厉风行的作风，对下属有巨大感召力，容易形成班子内部的合作气氛和奋斗进取的作风。

总监理工程师尤其应该认识到，良好的群众意识会产生巨大的向心力，温暖的集体本身对成员就是一种激励；适度的竞争气氛与和谐的共事气氛互相补充，才易于保持良好的人际关系和人们心理的平衡。

（3）总监理工程师的个人素质及能力特征。总监理工程师作为监理团队的领导指挥者，要在困难的条件下圆满完成任务，离不开良好的组织才能和优秀的个人素质。这种才能和素质具体表现如下：

1）决策应变能力。水利水电工程施工中的水文、地质、设计、施工条件和施工设备等情况多变，及时决断、灵活应变，才能抓住战机避免贻误。例如，在重大施工方案选择、合同谈判、纠纷处理等重大问题处理上，总监理工程师的决策应变水平，显得特别重要。

2）组织指挥能力。监理工程师在项目建设中责任大、任务繁重，作为监理人员的最高领导人必须能指挥若定。因而良好的组织指挥才能，就成了总监理工程师的必备素质。总监理工程师要避免组织指挥失误，特别需要统筹全局，防止陷入事务圈子或把精力过分集中于某一专门性问题。所以，良好的组织指挥才能的产生，需要阅历的积累和实践的磨炼，而这种才能的发挥，需要以充分的授权为前提。

3）协调控制能力。总监理工程师要力求把参加工程建设各方的活动组织成一个整体，要处理各种矛盾、纠纷，就要求具备良好的协调能力和控制能力。为了确保工程目标的实现，总监理工程师应该认识到：协调是手段，控制是目的，两者互相促进，缺一不可。所以，总监理工程师必须对工程的进度、质量、投资和所有重大工程活动，进行严格监督、科学控制。

4）其他能力。总监理工程师在工程建设中经常扮演多重角色，处理各种人际关系。因而还必须具备交际沟通能力、谈判能力、说服他人的能力、必要的妥协能力等。这些能力的取得，主要来自实践的磨炼。

（4）总监理工程师的会议组织能力。会议是总监理工程师沟通情况、协调矛盾、反馈信息、制定决策和下达指令的主要方式，也是总监理工程师对工程进行监督控制和对内部人员进行有效管理的重要工具。如何高效率地召开会议、掌握会议组织与控制的技巧，是对总监理工程师的基本要求之一。

监理工作实践告诉我们，工程建设过程中必然会举行众多类型的会议。有的会议需要总监理工程师主持召开，例如设计交底会议、施工方案审查会议、工程阶段验收会议、索赔谈判协调会议以及监理机构内部的人员组织、工作研讨、管理工作等会议；有的会议需要总监理工程师参加或主持，如招标前会议、评议标会议、设备采购会议、年度工程计划会议、工程协调管理例会、竣工验收会议、机组启动试运转会议等。这些众多类型的会议有着不同目的、不同参加人员和专门议题。总监理工程师要提高会议效率，防止陷入会海之中，就必须掌握会议组织和控制艺术，学会利用会议解决矛盾，推动工作顺利进行。

总之，作为建设项目的总监理工程师，在专业技术、管理水平、领导艺术和组织协调及开会艺术诸多方面，要有较高的造诣，要具备高智能、高素质，才能够有效地领导监理工程师及其工作人员顺利地完成建设项目的监理业务。

三、监理人员的职业准则

对一名监理人员来说,除了具备比较广泛的知识和丰富的工程实践经验外,还必须具备高尚的职业道德。

(1) 遵纪守法,坚持求实、严谨、科学的工作作风,全面履行义务,正确运用权限,勤奋、高效地开展监理工作。

(2) 努力钻研业务,熟悉和掌握建设项目管理知识和专业技术知识,提高自身素质和技术、管理水平。

(3) 提高监理服务意识,增强责任感,加强与工程建设有关各方的协作,积极、主动地开展工作,尽职尽责,公正廉洁。

(4) 未经许可,不得泄露与本工程有关的技术和商务秘密,并应妥善做好发包人所提供的工程建设文件资料的保存、回收及保密工作。

(5) 除监理工作联系外,不得与承包人和材料、工程设备供货人有其他业务关系和经济利益关系。

(6) 不得出卖、出借、转让、涂改、伪造资格证书或岗位证书。

(7) 监理人员只能在一个监理单位注册。未经注册单位同意不得承担其他监理单位的监理业务。

(8) 遵守职业道德,维护职业信誉,严禁徇私舞弊。

四、资格管理制度

国家设置监理工程师准入类职业资格,纳入国家职业资格目录。住房和城乡建设部、交通运输部、水利部、人力资源和社会保障部共同制定监理工程师职业资格制度,并按照职责分工分别负责监理工程师职业资格制度的实施与监管。

国家对监理工程师职业资格实行执业注册管理制度。取得监理工程师职业资格证书且从事工程监理及相关业务活动的人员,经注册方可以监理工程师名义执业。住房和城乡建设部、交通运输部、水利部按照职责分工,制定相应监理工程师注册管理办法并监督执行。

水利工程建设监理人员分为总监理工程师、监理工程师、监理员。总监理工程师和监理员实行用人单位聘任制,不再实行资格管理。根据水利部令第49号规定,总监理工程师在取得监理工程师资格证书、具备高级专业技术职称后,由用人单位聘任。监理员具备相应的专业知识,由用人单位聘任。监理工程师的监理专业分为水利工程施工、水土保持工程施工、机电及金属结构设备制造、水利工程建设环境保护4类。

监理工程师职业资格考试全国统一大纲、统一命题、统一组织,考试设置基础科目和专业科目。由住房和城乡建设部牵头组织,交通运输部、水利部参与,拟定监理工程师职业资格考试基础科目的考试大纲,组织监理工程师基础科目命题、审题工作。住房和城乡建设部、交通运输部、水利部按照职责分工分别负责拟定监理工程师职业资格考试专业科目的考试大纲,组织监理工程师专业科目命题、审题工作。

凡遵守中华人民共和国法律、法规，具有良好的业务素质和道德品行，具备下列条件之一者，可以申请参加监理工程师职业资格考试。

（1）具有各工程大类专业大学专科学历（或高等职业教育），从事工程施工、监理、设计等业务工作满4年。

（2）具有工学、管理科学与工程类专业大学本科学历或学位，从事工程施工、监理、设计等业务工作满3年。

（3）具有工学、管理科学与工程一级学科硕士学位或专业学位，从事工程施工、监理、设计等业务工作满2年。

（4）具有工学、管理科学与工程一级学科博士学位。

经批准同意开展试点的地区，申请参加监理工程师职业资格考试的，应当具有大学本科及以上学历或学位。

五、水利监理工程师注册管理

2022年，水利部为加强水利工程建设监理管理，规范注册监理工程师（水利工程）执业行为，保障工程质量、安全、进度和投资效益，维护公共利益和水利建设市场秩序，依据《建设工程质量管理条例》《建设工程安全生产管理条例》《国务院办公厅关于全面实行行政许可事项清单管理的通知》（国办发〔2022〕2号）《住房和城乡建设部、交通运输部、水利部、人力资源社会保障部关于印发〈监理工程师职业资格制度规定〉〈监理工程师职业资格考试实施办法〉的通知》（建人规〔2020〕3号）等有关规定，印发了《注册监理工程师（水利工程）管理办法》（水建设〔2022〕214号）（以下简称《办法》）。

《办法》规定，水利部负责实施水利监理工程师的注册管理工作，在满足下列条件时，可申请注册：

（1）取得职业资格证书。

（2）受聘于一家水利工程建设监理单位或者水利水电工程勘察、设计、施工、招标代理、造价咨询、项目管理单位。

（3）符合本办法第四章关于继续教育的要求。

（4）无《办法》第十五条规定的不予注册情形。

为了延续管理2013年之前由中国水利工程协会颁发的水利工程建设监理资格证书，《办法》规定，可按本《办法》要求注册为水利监理工程师，允许注册的最大年龄由原来的65周岁调整为70周岁。

《办法》规定，水利监理工程师分为水利工程施工监理、水土保持工程施工监理、机电及金属结构设备制造监理、水利工程建设环境保护监理四个专业，各专业不再细分子项。注册时最多申请注册两个专业，在注册后可申请变更专业，机电及金属结构设备制造监理专业与其他专业不得同时注册。取得协会资格证书的人员，在其协会资格证书专业类别范围内申请注册、变更专业。

组织开展全国水利监理工程师统一以来，2020—2022年取得职业资格证书的人员，在水利工程施工监理、水土保持工程施工监理、水利工程建设环境保护监理三个专业范围内申请注册、变更专业。2023年以后取得职业资格证书的人员,通过"水利工程施工监理、水土保持工程施工监理、水利工程建设环境保护监理专业考试"的,在水利工程施工监理、水土保持工程施工监理、水利工程建设环境保护监理三个专业范围内申请注册、变更专业;通过"机电及金属结构设备制造监理专业考试"的,申请注册机电及金属结构设备制造监理专业。

《办法》还规定水利监理工程师应当按照国家专业技术人员继续教育的有关规定接受继续教育,更新理论知识,提升职业技能和专业水平,以适应岗位需要和职业发展要求。继续教育的内容包括监理专业技术人员应当掌握的法律法规、政策理论、职业道德、技术信息等基本知识;水利工程建设监理相关技术标准,水利工程建设监理新理论、新技术、新方法等专业知识。水利监理工程师继续教育每年应不少于30学时。取得职业资格证书超出1年期限申请初始注册的人员,申请当年继续教育应不少于30学时。被注销注册后重新申请注册的人员,自被注销注册当年至重新申请注册当年,继续教育平均每年应不少于30学时,或近三年累计不少于90学时。继续教育形式包括面授培训、远程(网络)培训及学术会议、学术报告、专业论坛等。为水利监理工程师提供继续教育服务的机构,应当具备与继续教育目的任务相适应的场所、设施、教材和人员,建立健全组织机构和管理制度,如实出具继续教育证明,载明继续教育的内容和学时,并加盖机构印章。水利部鼓励继续教育机构为水利监理工程师免费提供远程(网络)培训。

《办法》对于水利监理工程师执业过程中的严重失信行为,作出了联合惩戒的规定。受到水利部停止执业、吊销注册证书等行政处罚或司法机关刑事处罚,或者被相关联合惩戒部门列入"黑名单"、符合实施联合惩戒措施的,在全国水利建设市场监管平台公开有关行政处罚、刑事处罚信息或者当事人被列入"黑名单"的期限内,县级以上人民政府水行政主管部门和有关单位及社会团体可采取下列惩戒措施:

(1)在行政许可、市场准入、招标投标、信用评价、评比表彰、政策试点、项目示范、行业创新等事项中,依法限制作为监理人员申报。

(2)纳入水利建设市场重点监管对象,提高监督检查频次。

(3)依法限制取得水利工程建设领域相关执业资格。

(4)不得参加水利行业各类评优表彰等活动。

六、对监理人员处罚的有关规定

在水利部《水利工程建设监理规定》(水利部令第28号)中,规定了监理人员违反相关要求时,应进行的处罚。

(1)第三十一条:监理人员从事水利工程建设监理活动中,有下列行为之一的,责令改正,给予警告;其中监理工程师违规情节严重的,注销注册证书,2年内不予注册;有违法所得的,予以追缴,并处1万元以下罚款;造成损失的,承担赔偿责任;构成犯罪的,依法追究刑事责任。

1)利用执(从)业上的便利,索取或收受项目法人、被监理单位以及建筑材料、建筑构配件和设备供应单位财物的。

2）与被监理单位以及建筑材料、建筑构配件和设备供应单位串通，谋取不正当利益或损害他人利益的。

3）泄露执（从）业中应当保守的秘密的。

（2）第三十二条第一款规定：监理人员因过错造成质量事故的，责令停止执（从）业1年；其中监理工程师因过错造成重大质量事故的，注销注册证书，5年内不予注册；情节特别严重的，终身不予注册。

（3）第三十二条第二款规定：监理人员未执行法律、法规和工程建设强制性标准的，责令停止执（从）业3个月以上、1年以下；其中监理工程师违规情节严重的，注销注册证书，5年内不予注册；造成重大安全事故的，终身不予注册；构成犯罪的，依法追究刑事责任。

（4）第三十四条第二款规定：监理单位的工作人员因调动工作、退休等原因离开该单位后，被发现在该单位工作期间违反国家有关工程建设质量管理规定，造成重大工程质量事故的，仍应当依法追究法律责任。

思 考 题

3-1 监理单位的概念是什么？
3-2 水利工程建设监理单位资质分为几个专业？各专业的资质等级标准是什么？
3-3 监理单位应遵守哪些职业准则？
3-4 监理单位违反法律、法规的规定从事建设监理活动应当受到哪些处罚？
3-5 水利工程建设监理人员应当具备哪些素质？
3-6 监理人员在实施建设监理业务中出现违规行为应当受到哪些处罚？

第四章　水利工程建设监理业务承揽与监理合同

第一节　建设监理合同概述

一、建设监理合同的概念

根据《中华人民共和国民法典》（以下简称《民法典》）第七百九十六条规定，监理合同属于委托合同，不属于第七百八十八条规定的建设工程合同，而建设工程合同是指工程勘察、设计、施工合同。通过监理委托合同，项目法人委托监理单位对工程建设合同进行管理，对与项目法人签订工程建设合同的当事人履行合同进行监督、协调和评价，并应用科学的技能为项目的发包、合同的签订与实施等提供约定的技术服务。

监理合同与勘察设计合同、施工承包合同、物资采购合同、运输合同等的最大区别表现在标的性质上的差异。监理合同的标的是监理单位凭借自己的知识、经验和技能，为保证所监理工程建设合同的顺利履行，向项目法人提供的管理服务，属于行为标的。因此，作为合同一方当事人的监理单位，通过接受项目法人的委托对项目法人签订的勘察、设计、施工、采购等合同的履行实施监理服务，从而获取监理服务酬金。

二、签订建设监理合同的必要性

建设监理的委托与被委托关系是项目法人与监理单位之间建立的一种法律权利义务关系。因此，在事前通过书面形式明确规定下来，是十分必要的。

（1）通过合同明确规定合同双方的权利和义务，是合同双方履行合同的基本依据和条件，如监理的范围和内容、工作条件、双方的权利和义务、服务期限、监理酬金及其支付、违约责任等。合同当事人必须全面履行合同，如果任何一方不履行或不完全履行合同义务，都应承担违约责任。

（2）依法成立的监理合同对合同当事人具有法律约束力，任何一方不得擅自变更或解除合同。

（3）在履行监理合同过程中发生的任何影响合同变更的事件和风险事件，都应依据合同规定的原则处理。

（4）监理合同是一种具有法律效力的文书，合同当事人在履行合同过程中发生的任何争议，不论采取协商、调解还是仲裁或诉讼方式，都应以合同约定为依据。

（5）明确规定项目法人与监理单位之间的合同关系，增强合同当事人的合同意识，有利于培养和维护良性的监理市场秩序，适应社会主义市场经济的发展。

三、标准合同

国际上许多咨询行业的协会或组织，专门制订了标准委托合同格式或指南，这有助于监理服务合同的签订。随着国际咨询监理业务越来越发达，委托合同标准格式的应用越来越普遍。采用这些通用性很强的标准合同格式，能够简化合同的准备工作，有利于双方讨论、交流和统一认识，也易于通过有关部门的检查和批准。更重要的是标准合同都是由法律、合同方面的专家着手制订的，所以采用标准合同格式，能够准确地在法律概念内反映出双方所要实现的意图。

国际咨询工程师联合会（FIDIC）颁布的《业主/咨询工程师标准服务协议书》，由于得到了世界银行等国际金融机构以及一些国家政府有关部门的认可，已作为一种标准委托合同格式，在世界大多数工程中应用。其主要内容包括协议书格式和合同通用规则（分为标准条件和特殊应用条件）。第一部分标准条件包括定义及解释，咨询工程师的义务，业主的义务，责任和保险，协议书的开始、完成、变更与终止，支付，一般规定，争端的解决等部分；第二部分特殊应用条件与第一部分的序号相关联，内容须专门拟定，以适应每个具体工程的实际情况和要求。

2017年，为进一步完善标准文件编制规则，构建覆盖主要采购对象、多种合同类型、不同项目规模的标准文件体系，提高招标文件编制质量，促进招标投标活动的公开、公平和公正，营造良好的市场竞争环境，国家发展改革委会同水利部等九部委，编制了《中华人民共和国标准设备采购招标文件》（以下简称《标准设备采购招标文件》）、《中华人民共和国标准材料采购招标文件》（以下简称《标准材料采购招标文件》）、《中华人民共和国标准勘察招标文件》（以下简称《标准勘察招标文件》）、《中华人民共和国标准设计招标文件》（以下简称《标准设计招标文件》）、《中华人民共和国标准监理招标文件》（以下简称《标准监理招标文件》）等文件，上述文件自2018年1月1日起实施。

第二节　标准监理招标文件

2017年发布的《标准监理招标文件》中，给出了工程建设监理的合同文件，包括合同通用条款和专用条款。

一、合同文件组成及其解释顺序

《标准监理招标文件》明确规定了监理合同文件的组成及解释顺序，当合同组成文件有冲突时，应按下列顺序进行解释：①合同协议书；②中标通知书；③投标函及投标函附录；④专用合同条款；⑤通用合同条款；⑥委托人要求；⑦监理报酬清单；⑧监理大纲；⑨其他合同文件。

二、通用合同条款的主要内容

（一）监理工作的范围

通用合同条款中，对监理工作范围较水利部印发的《水利工程施工监理合同示范文本》(GF—2007—0211)作出了更加明确的规定。监理范围包括工程范围、阶段范围和工作范围,具体监理范围应当根据三者之间的关联内容进行确定。工程范围指所监理工程的建设内容,具体范围在专用合同条款中约定。通常根据工程项目包含的内容以及监理标段划分情况,可包括相应的建筑工程施工、机电及金属结构设备安装、水土保持、环境保护、安全监测、金属结构制作等,如枢纽工程中的大坝、溢洪道、引调水工程某一桩号范围内的隧洞工程或管道工程等。

阶段范围指工程建设程序中的勘察阶段、设计阶段、施工阶段、缺陷责任期及保修阶段中的一个或者多个阶段,具体范围在专用合同条款中约定。在通常情况下,一般包括施工阶段、缺陷责任期及保修阶段。如果工程承发包采用工程总承包的模式,则监理的阶段范围应包括相应阶段的勘察、设计监理工作。

工作范围指监理工作中的质量控制、进度控制、投资控制、合同管理、信息管理、组织协调和安全监理、环保监理中的一项或者多项工作,具体范围在专用合同条款中约定。在通常情况下,监理工作范围应包括前述的全部内容。

(二)监理工作的主要内容

《标准监理招标文件》约定的监理工作包括以下内容。

(1) 收到工程设计文件后编制监理规划,并在第一次工地会议7天前报委托人。根据有关规定和监理工作需要,编制监理实施细则。

(2) 熟悉工程设计文件,并参加由委托人主持的图纸会审和设计交底会议。

(3) 参加由委托人主持的第一次工地会议,主持监理例会并根据工程需要主持或参加专题会议。

(4) 审查施工承包人提交的施工组织设计,重点审查其中的质量安全技术措施、专项施工方案与工程建设强制性标准的符合性。

(5) 检查施工承包人工程质量、安全生产管理制度及组织机构和人员资格。

(6) 检查施工承包人专职安全生产管理人员的配备情况。

(7) 审查施工承包人提交的施工进度计划,核查承包人对施工进度计划的调整。

(8) 检查施工承包人的试验室。

(9) 审核施工分包人资质条件。

(10) 查验施工承包人的施工测量放线成果。

(11) 审查工程开工条件,对条件具备的签发开工令。

(12) 审查施工承包人报送的工程材料、构配件、设备质量证明文件的有效性和符合性,并按规定对用于工程的材料采取平行检验或见证取样方式进行抽检。

(13) 审核施工承包人提交的工程款支付申请,签发或出具工程款支付证书,并报委托人审核、批准。

(14) 在巡视、旁站和检验过程中,发现工程质量、施工安全存在事故隐患的,要求施工承包人整改并报委托人。

(15) 经委托人同意,签发工程暂停令和复工令。

(16) 审查施工承包人提交的采用新材料、新工艺、新技术、新设备的论证材料及相关验收标准。

（17）验收隐蔽工程、分部分项工程。

（18）审查施工承包人提交的工程变更申请，协调处理施工进度调整、费用索赔、合同争议等事项。

（19）审查施工承包人提交的竣工验收申请，编写工程质量评估报告。

（20）参加工程竣工验收，签署竣工验收意见。

（21）审查施工承包人提交的竣工结算申请并报委托人。

（22）编制、整理工程监理归档文件并报委托人。

（三）监理人的义务与管理

1. 遵守法律

监理人在履行合同过程中应遵守法律，并保证委托人免于承担因监理人违反法律而引起的任何责任。

遵守法律，尊重公德，不得扰乱社会经济秩序，损害社会公共利益，是《民法典》中合同篇的重要基本原则。一般来讲，合同的订立和履行，属于合同当事人之间的民事权利义务关系，主要涉及当事人的利益。只要当事人的意思不与强制性规范、社会公共利益和社会公德相抵触，就承认合同的法律效力，国家及法律尽可能尊重合同当事人的意思，一般不予干预，由当事人自主约定，采取自愿的原则。但是，合同绝不仅仅是当事人之间的问题，有时可能涉及社会公共利益和社会公德，涉及维护经济秩序，合同当事人的意思应当在法律允许的范围内表示。为了维护社会公共利益，维护正常的社会经济秩序，对于损害社会公共利益、扰乱社会经济秩序的行为，国家应当予以干预。

如在《建设工程质量管理条例》中规定：工程监理单位应当依法取得相应等级的资质证书，并在其资质等级许可的范围内承担工程监理业务；禁止工程监理单位超越本单位资质等级许可的范围或者以其他工程监理单位的名义承担工程监理业务；禁止工程监理单位允许其他单位或者个人以本单位的名义承担工程监理业务。工程监理单位不得转让工程监理业务；工程监理单位与被监理工程的施工承包单位以及建筑材料、建筑构配件和设备供应单位有隶属关系或者其他利害关系的，不得承担该项建设工程的监理业务，等等，监理人应严格遵守。

2. 依法纳税

监理人应按有关法律规定纳税，应缴纳的税金（含增值税）包括在合同价格之中。

3. 完成全部监理工作

监理人应按合同约定以及委托人的要求，完成合同约定监理范围内的全部工作，同时还应满足监理合同中对监理人服务质量、服务标准的要求，并对工作中的任何缺陷进行整改，使其符合合同的约定。

4. 提交履约保证金

根据《中华人民共和国招标投标法》及其实施条例的规定，委托人在监理招标过程中，可以要求监理人提交履约保证金。如在招标文件中有要求，监理人应及时、足额提交履约保证金。对逾期未按要求提交履约保证金的，委托人将扣留其投标保证金、取消其中标资格。招标投标监督管理部门将根据有关规定对其进行处罚。

履约保证金通常自合同生效之日起生效，在委托人签发竣工验收证书之日起28日后失效。如果监理人不履行合同约定的义务或其履行不符合合同的约定，委托人有权扣划相应金额的履约保证金。

5. 联合体责任

对采用联合体方式承担监理任务的，根据《招标投标法》及其实施条例的规定，联合体各方应共同与委托人签订合同。联合体各方应为履行合同承担连带责任。联合体协议经委托人确认后作为合同附件。在履行合同过程中，未经委托人同意，不得修改联合体协议。联合体牵头人或联合体授权的代表负责与委托人联系，并接受指示，负责组织联合体各成员全面履行合同。

6. 监理人员管理

委托监理合同的标的是服务，总监理工程师及其他主要监理人员，是监理人履行合同义务的主要责任人，主要监理人员包括总监理工程师、专业监理工程师等；其他人员包括各专业的监理员、资料员等。《标准监理招标文件》中对于包括总监理工程师在内的主要监理人员的管理作出了约定。

(1) 监理机构及人员。监理人应在接到开始监理通知之日起7天内，按合同约定向委托人提交监理项目机构以及人员安排的报告，其内容应包括项目机构设置、主要监理人员和作业人员的名单及资格条件。主要监理人员应相对稳定，更换主要监理人员的，应取得委托人的同意，并向委托人提交继任人员的资格、管理经验等资料。监理人应保证其主要监理人员在合同期限内的任何时候，都能按时参加委托人组织的工作会议。

(2) 总监理工程师。监理人应按合同协议书的约定指派总监理工程师，并在约定的期限内到职。监理人更换总监理工程师应事先征得委托人同意，并应在更换14天前将拟更换的总监理工程师的姓名和详细资料提交委托人。总监理工程师2天内不能履行职责的，应事先征得委托人同意，并委派代表代行其职责。总监理工程师应按合同约定以及委托人要求，负责组织合同工作的实施。在情况紧急且无法与委托人取得联系时，可采取保证工程和人员生命财产安全的紧急措施，并在采取措施后24小时内向委托人提交书面报告。监理人为履行合同发出的一切函件均应盖有监理人单位章或由监理人授权的项目机构章，并由监理人的总监理工程师签字确认。

总监理工程师可以授权其下属人员履行其某项职责，但事先应将这些人员的姓名和授权范围书面通知委托人和承包人。总监理工程师在授权时，应符合《水利工程施工监理规范》(SL 288—2014) 的有关规定。

(3) 监理人员的撤换。监理人应对其总监理工程师和其他人员进行有效管理。委托人要求撤换不能胜任本职工作、行为不端或玩忽职守的总监理工程师和其他人员的，监理人应予以撤换。

在《标准监理招标文件》的合同条款中，对于监理人的义务还包括保障所雇佣人员的合法权益、合同价款专款专用等内容。

(四) 委托人的义务与管理

1. 遵守法律

与监理人相同,委托人在履行合同过程中应遵守法律,并保证监理人免于承担因委托人违反法律而引起的任何责任。

《建设工程安全生产管理条例》中关于委托人禁止性行为作出如下规定:建设单位不得对勘察、设计、施工、工程监理等单位提出不符合建设工程安全生产法律、法规和强制性标准规定的要求,不得压缩合同约定的工期;建设单位不得明示或者暗示施工单位购买、租赁、使用不符合安全施工要求的安全防护用具、机械设备、施工机具及配件、消防设施及器材。

2. 发出开始监理通知

委托人应按合同约定向监理人发出开始监理通知。根据现行水利工程建设程序的有关规定,在可行性研究报告批复后,委托人即可组织进行监理招标。在监理合同签订后,工程不一定立即开工建设,即监理合同生效距开始监理工作可能存在一定的时差。为了准确计算监理服务期,《标准监理招标文件》中约定:符合专用合同条款约定的开始监理条件的,委托人应提前7天向监理人发出开始监理通知。监理服务期限自开始监理通知中载明的开始监理日期起计算。除专用合同条款另有约定外,因委托人原因造成合同签订之日起90天内未能发出开始监理通知的,监理人有权提出价格调整要求,或者解除合同。委托人应当承担由此增加的费用和(或)周期延误。发出开始监理通知后,如合同中有约定,委托人应为监理人的现场人员在施工期间提供办公房间、办公桌椅、互联网接口、冷暖设施、生活设施、进出现场交通服务和其他便利条件。

3. 办理证件和批件

根据工程建设的有关规定,工程建设过程中需要办理必要的证件和批件,如开工备案、质量(安全)监督手续的办理等。在上述证件和批件办理过程中,需要包括监理人在内的各参建单位给予相应的协助。《标准监理招标文件》中约定:合同双方应按时办理,并给予必要的协助。

4. 支付合同付款

委托人应按合同约定向监理人及时支付合同价款。合同价款的支付包括预付款、中间支付和结算款支付等内容。

5. 提供监理资料

监理机构进驻现场开展工作,按专用合同条款约定由委托人提供的文件,包括规范标准、承包合同、勘察文件、设计文件等,委托人应按约定的数量和期限交给监理人。由于委托人未按时提供文件造成监理服务期延误的,监理人有权提出价格调整要求,或者解除合同。委托人应当承担由此增加的费用和(或)周期延误。

6. 委托人代表

为便于监理合同的顺利履行,保证双方沟通及时、畅通,在《标准监理招标文件》合同条款中约定了委托人管理的有关内容。

根据约定,委托人应派出代表,负责与监理人进行联系,代表委托人行使权利、履行义务及处理合同履行中的具体事宜。委托人应在合同签订后14天内,将委托人代表的姓名、职务、联系方式、授权范围和授权期限书面通知监理人。

在合同履行过程中，由于委托人代表违反法律法规、违背职业道德守则或者不按合同约定履行职责及义务，导致合同无法继续正常履行的，监理人有权通知委托人更换委托人代表。委托人收到通知后 7 天内，应当核实完毕并将处理结果通知监理人。委托人更换委托人代表的，应按合同约定提前将更换人员姓名、职务、联系方式、授权期限、授权范围等书面通知监理人。

7. 委托人指令

对于需要与监理人进行沟通的事项，委托人应按合同约定向监理人发出指示，监理人收到委托人作出的指示后应遵照执行。在紧急情况下，委托人代表或其授权人员可以当场签发临时书面指示，监理人应遵照执行。委托人代表应在临时书面指示发出后 24 小时内发出书面确认函，逾期未发出书面确认函的，该临时书面指示应被视为委托人的正式指示。由于委托人未能按合同约定发出指示、指示延误或指示错误而导致监理人费用增加和（或）周期延误的，委托人应承担由此增加的费用和（或）周期延误。

8. 决定和答复

委托人在法律允许的范围内有权对监理人的监理工作和（或）监理文件作出处理决定，监理人应按照委托人的决定执行。有关事项的答复应以书面为准，且在合同约定的时限之内。对逾期未做出答复的，视为已获得委托人的批准。

（五）开始监理和完成监理

1. 开始监理

监理合同签订后，项目法人应按合同约定向监理单位发出《开始监理通知》，监理服务期限自《开始监理通知》中载明的开始监理日期起计算。

2. 监理周期延误

在监理合同履行过程中，由于合同变更、委托人原因导致的监理工作暂停、未按合同约定及时支付监理报酬、未及时履行合同约定的相关义务，由于承包人延误、行政管理造成的监理服务期延误，以及其他原因造成监理服务期限延误的，委托人应当延长监理服务期限并增加监理报酬。具体方法在专用合同条款中约定。

3. 完成监理

监理人根据法律、规范标准、合同约定和委托人要求实施和完成监理后，应整理、编制监理文件，按合同约定移交给委托人。委托人应及时予以接收，监理文件的形式、份数等具体规定应在合同中进行约定。

对于提前完成监理的，可向委托人递交一份提前完成监理建议书，包括实施方案、提前时间、监理报酬变动等内容。除专用合同条款另有约定之外，委托人接受建议书的，不因提前完成监理而减少监理报酬；增加监理报酬的，所增费用由委托人承担。监理阶段范围中包括缺陷责任期的，监理人应对承包人修复质量缺陷进行监理。缺陷修复监理的责任由监理人负责。

（六）监理责任与保险

1. 监理责任主体

（1）监理人应运用一切合理的专业技术、知识技能和项目经验，按照职业道德准则和行业公认标准尽其全部职责，勤勉、谨慎、公正地履行其责任和义务。

（2）监理责任为监理单位项目负责人终身责任制。总监理工程师应当按照法律法规、有关技术标准、设计文件和工程承包合同进行监理，对施工质量承担监理责任。

（3）总监理工程师应当在办理工程质量监督手续前签署工程质量终身责任承诺书，连同法定代表人出具的授权书，报工程质量监督机构备案。

2. 监理责任保险

监理责任保险是建筑市场规避风险的一个主要险种，是建筑业保险系列产品中的重要组成。主要作用是转移由于职业责任给委托人或第三方造成的损失所必然承担的经济赔偿，从而使双方的利益得到有效保护。在保险期间内，被保险人的监理人员根据被保险人的授权，在履行建设工程委托监理合同的过程中，因疏忽或过失行为导致业主遭受直接财产损失，或者致使业主或其雇员发生人身伤害，依法由保险公司承担经济赔偿责任。这既是新的保险品种的开发，也是工程监理行业责任风险控制的有益探索，是真正的双赢选择。

合同中建议监理人根据工程情况对监理责任进行投保，并在合同履行期间保持足额、有效。

（七）变更情形

（1）合同履行中发生下述情形时，合同一方均可向对方提出变更请求，经双方协商一致后进行变更，监理服务期限和监理报酬的调整方法在专用合同条款中约定：

1）监理范围发生变化。

2）除不可抗力外，非监理人的原因引起的周期延误。

3）非监理人的原因，对工程同一部分重复进行监理。

4）非监理人的原因，对工程暂停监理及恢复监理。

为减少发生合同履行过程中发生变更导致纠纷，应在合同签订时，明确监理报酬等的调整方法。如某合同约定，产生变更的附加服务酬金时，其酬金的计取原则应首先参照投标文件中相关报价的取费标准和原则；如无相关标准，可参照现行的行业取费标准，或其他现行标准，并经双方协商议定。通过上述办法计算的附加酬金总额超过监理合同价格的5%以内时，不计取附加酬金；超过5%以上时，需签订相关的补充协议，委托人应支付超过5%以上部分的附加酬金。监理人在报价时应充分考虑此风险。

（2）基准日后，因颁布新的或修订原有法律、法规、规范和标准等引发合同变更情形的，按照上述约定进行调整。

（八）合同价格

（1）合同的价款确定方式、调整方式和风险范围划分，在专用合同条款中约定。

（2）合同价格应当包括收集资料、踏勘现场、制定纲要、实施监理、编制监理文件等全部费用和国家规定的增值税税金。

（3）委托人要求监理人进行外出考察、试验检测、专项咨询或专家评审时，相应费用不含在合同价格之中，由委托人另行支付。

（九）违约

1. 监理人违约

（1）合同履行中发生下列情况之一的，属监理人违约：

1) 监理文件不符合规范标准以及合同约定。
2) 监理人转让监理工作。
3) 监理人未按合同约定实施监理并造成工程损失。
4) 监理人无法履行或停止履行合同。
5) 监理人不履行合同约定的其他义务。

（2）监理人发生违约情况时，委托人可向监理人发出整改通知，要求其在限定期限内纠正；逾期仍不纠正的，委托人有权解除合同并向监理人发出解除合同通知。监理人应当承担由于违约所造成的费用增加、周期延误和委托人损失等。

2. 委托人违约

（1）合同履行中发生下列情况之一的，属委托人违约：
1) 委托人未按合同约定支付监理报酬。
2) 委托人原因造成监理停止。
3) 委托人无法履行或停止履行合同。
4) 委托人不履行合同约定的其他义务。

（2）委托人发生违约情况时，监理人可向委托人发出暂停监理通知，要求其在限定期限内纠正；逾期仍不纠正的，监理人有权解除合同并向委托人发出解除合同通知。委托人应当承担由于违约所造成的费用增加、周期延误和监理人损失等。

3. 第三人造成的违约

在履行合同过程中，一方当事人因第三人的原因造成违约的，应当向对方当事人承担违约责任。一方当事人和第三人之间的纠纷，依照法律规定或者按照约定解决。

第三节　监理业务的承揽

一、水利工程建设监理业务委托和承接

根据《招标投标法》及其实施条例、《必须招标项目规定》等法律法规和规章，达到一定条件的工程建设监理单位的选择，项目法人应采取招标的方式确定。除上述情形之外的，项目法人可自主选择采购方式，任何单位和个人不得违法干涉。

无论是通过投标承揽监理业务，还是通过项目法人直接委托取得监理业务，都有一个共同的前提，即监理单位的资质能力和社会信誉得到项目法人的认可。监理单位在建设市场中开展经营活动，就必须参与市场竞争，通过竞争承揽业务，在竞争中求生存、求发展。

二、水利工程监理招标

监理招标投标活动应当遵循公开、公平、公正和诚实信用的原则。监理招标工作由招标人负责，任何单位和个人不得以任何方式非法干涉监理招标投标活动。

监理招标分为公开招标和邀请招标。监理招标的招标人是该项目的项目法人。招标人

自行办理监理招标事宜时，应当按有关规定履行相关手续。招标人委托招标代理机构办理招标事宜时，受委托的招标代理机构应符合水利工程建设项目招标代理有关规定的要求。

（一）监理招标具备的条件

监理招标应当具备下列条件：

（1）项目可行性研究报告或者初步设计已经批复。

（2）监理所需资金已经落实。

（3）项目已列入年度计划。监理招标宜在相应的工程勘察、设计、施工、设备和材料招标活动开始前完成。

（二）招标公告或者投标邀请书的内容

招标公告或者投标邀请书应当至少载明下列内容：

（1）招标人的名称和地址。

（2）监理项目的内容、规模、资金来源。

（3）监理项目的实施地点和服务期。

（4）获取招标文件或者资格预审文件的地点和时间。

（5）对招标文件或者资格预审文件收取的费用。

（6）对投标人的资质等级的要求。

（三）资格审查

招标人应当对投标人进行资格审查。资格审查分为资格预审和资格后审。资格预审，是指在投标前对潜在投标人进行的资格审查。资格后审，是指在开标后，招标人对投标人进行资格审查，提出资格审查报告，经参审人员签字由招标人存档备查，同时交评标委员会参考。进行资格预审的，一般不再进行资格后审，但招标文件另有规定的除外。资格预审一般按照下列原则进行。

1. 资格预审的原则

（1）招标人组建的资格预审工作组负责资格预审。

（2）资格预审工作组按照资格预审文件中规定的资格评审条件，对所有潜在投标人提交的资格预审文件进行评审。

（3）资格预审完成后，资格预审工作组应提交由资格预审工作组成员签字的资格预审报告，并由招标人存档备查。

（4）经资格预审后，招标人应当向资格预审合格的潜在投标人发出资格预审合格通知书，告知获取招标文件的时间、地点和方法，并同时向资格预审不合格的潜在投标人告知资格预审结果。

2. 资格审查的重点

资格审查应主要审查潜在投标人或者投标人是否符合下列条件：

（1）具有独立签署及履行合同的权利。

（2）具有履行合同的能力，包括专业、技术资格和能力，资金、设备和其他物质设施能力，管理能力，类似工程经验，信誉状况等。

（3）没有处于被责令停业，投标资格被取消，财产被接管、冻结等状态。

(4) 在最近三年内没有骗取中标和严重违约及重大质量问题。

资格审查时，招标人不得以不合理的条件限制、排斥潜在投标人或者投标人，不得对潜在投标人或者投标人实行歧视待遇。任何单位和个人不得以行政手段或者其他不合理方式限制投标人的数量。

（四）编制招标文件

监理招标文件在监理招标中起着重要的作用。一方面，它是监理单位进行监理投标的重要依据；另一方面，其主要内容将成为组成监理合同的重要文件。因此，要求监理招标文件全面、准确、具体，不得含糊不清，不得相互矛盾，不得存在歧义。招标文件应当包括下列内容：

(1) 招标公告（投标邀请书）。

(2) 投标人须知。投标人须知应当包括招标项目概况，监理范围、内容和服务期，招标人提供的现场工作及生活条件（包括交通、通信、住宿等）和试验检测条件，对投标人和现场监理人员的要求，投标人应当提供的有关资格和资信证明文件，投标文件的编制要求，提交投标文件的方式、地点和截止时间，开标日程安排，投标有效期等。

(3) 书面合同书格式。依法必须招标的监理项目，应当使用《标准监理招标文件》（2017 版）中提供的合同文本。

(4) 投标报价书、投标保证金、授权委托书、协议书和履约保函的格式。

(5) 必要的设计文件、图纸和有关资料。

(6) 投标报价要求及其计算方式。

(7) 评标标准与方法。

(8) 投标文件格式。

(9) 其他辅助资料。

（五）招标人须注意的几个问题

(1) 依法必须进行招标的项目，自招标文件开始发出之日起至投标人提交投标文件截止之日止，最短不得少于 20 日。

(2) 招标文件一经发出，招标内容一般不得修改。招标文件的修改和澄清，应当于提交投标文件截止日期 15 日前书面通知所有潜在投标人。该修改和澄清的内容为招标文件的组成部分。

(3) 投标人少于 3 个的，招标人应当依法重新招标。

(4)《招标投标法实施条例》第二十六条规定，招标人在招标文件中要求投标人提交投标保证金的，投标保证金不得超过招标项目估算价的 2%，且最高不超过 80 万元。投标保证金有效期应当与投标有效期一致。

三、水利工程监理项目投标

（一）投标人须具备的条件

监理项目的投标人必须具有水利部颁发的《水利工程建设监理单位资质等级证书》，并具备下列条件：

(1) 具有招标文件要求的资质等级和类似项目的监理经验与业绩。

(2) 与招标项目要求相适应的人力、物力和财力。

(3) 其他条件。招标代理机构代理项目监理招标时，该代理机构不得参加或代理该项目监理的投标。

（二）编制投标文件

监理投标文件是项目法人选择监理单位的重要依据。因此，要求投标文件既要在内容上和形式上符合监理招标文件的实质性要求和条件，又要在技术方案和投入的资源等方面极好地满足所委托的监理任务的要求，并且监理酬金报价合理。同时，应能通过监理投标文件反映出投标的监理单位在经历与业绩上、技术与管理水平上、资源与资信能力上足以胜任所委托的监理工作，并具有良好的合同信誉。投标人应当按照招标文件的要求编制投标文件。投标文件一般包括下列内容：

(1) 投标报价书。

(2) 投标保证金。

(3) 委托投标时，法定代表人签署的授权委托书。

(4) 投标人营业执照、资质证书以及其他有效证明文件的复印件。

(5) 监理大纲。监理大纲的主要内容应当包括工程概况、监理范围、监理目标、监理措施、对工程的理解、项目监理机构组织机构、监理人员等。

(6) 项目总监理工程师及主要监理人员简历、业绩、学历证书、职称证书以及监理工程师资格证书和岗位证书等证明文件。

(7) 拟用于本工程的设施设备、仪器。

(8) 完成的类似工程、有关方面对投标人的评价意见以及获奖证明。

(9) 投标人财务状况。

(10) 投标报价的计算和说明。

(11) 招标文件要求的其他内容。

四、开标、评标和中标

（一）开标

开标时间、地点应当为招标文件中确定的时间、地点。

（二）评标

1. 评标委员会

评标由评标委员会负责。评标委员会的组成应符合《评标委员会和评标方法暂行规定》的要求。招标人应当采取必要的措施，保证评标过程在严格保密的情况下进行。

2. 监理评标标准

应当体现根据监理服务质量选择中标人的原则。评标标准应当在招标文件中载明，在评标时不得另行制定或者修改、补充任何评标标准和方法。

评标标准一般包括投标人的业绩和资信、项目总监理工程师的素质和能力、资源配置、监理大纲以及投标报价等五个方面。其重要程度可分别赋予不同的权重，也可根据项目具体情况确定，但投标报价所占比重不宜过大。

3. 评标方法

监理招标通常采用综合评估法，即评标委员会对满足招标文件实质性要求的投标文件，应按照招标文件规定的评分标准进行打分，并按得分由高到低的顺序推荐中标候选人，或根据招标人授权直接确定中标人，但投标报价低于其成本的除外。综合评分相等时，以投标报价低的优先；投标报价也相等的，以监理大纲得分高的优先；如果监理大纲得分也相等，按照评标办法前附表的规定确定中标候选人顺序。

4. 评标报告

评标委员会按照评标程序、标准和方法评完标后，应当向招标人提交经评标委员签字的书面评标报告。

（三）中标

招标人可授权评标委员会直接确定中标人，也可根据评标委员会提出的书面评标报告和推荐的中标候选人顺序确定中标人。当招标人确定的中标人与评标委员会推荐的中标候选人顺序不一致时，应当有充足的理由，并按项目管理权限报水行政主管部门备案。

在确定中标人前，招标人不得与投标人就投标方案、投标价格等实质性内容进行谈判。

中标人确定后，招标人应当在招标文件规定的有效期内以书面形式向中标人发出中标通知书，并将中标结果通知所有未中标的投标人。招标人不得向中标人提出压低报价、增加工作量、延长服务期或其他违背中标人意愿的要求，以此作为发出中标通知书和签订合同的条件。中标通知书对招标人和中标人均具有法律效力。中标通知书发出后，招标人改变中标结果的，或者中标人放弃中标项目的，应当依法承担法律责任。

中标人收到中标通知书后，应当在签订合同前向招标人提交履约保证金。招标人和中标人应当自中标通知书发出之日起在 30 日内，按照招标文件和中标人的投标文件订立书面合同。招标人和中标人不得再行订立背离合同实质性内容的其他协议。当确定的中标人拒绝签订合同时，招标人可与确定的候补中标人签订合同。中标人不得向他人转让中标项目，也不得将中标项目肢解后向他人转让。招标人与中标人签订合同后 5 日内，应当向中标人和未中标的投标人退还投标保证金。

第四节 监理费用计算

一、监理费用计取的变革

为规范建设工程监理与相关服务收费行为，维护发包人和监理人的合法权益，国家发展改革委、建设部曾经根据《中华人民共和国价格法》及有关法律、法规，制定了《建设工程监理与相关服务收费管理规定》（发改价格〔2007〕670 号），自 2007 年 5 月 1 日起执行。文件规定发包人和监理人应当遵守国家有关价格法律、法规的规定，接受政府价格主管部门的监督、管理。

2015年,为贯彻落实党的十八届三中全会精神,按照国务院部署,充分发挥市场在资源配置中的决定性作用,决定进一步放开建设项目专业服务价格。《国家发展改革委关于进一步放开建设项目专业服务价格的通知》(发改价格〔2015〕299号)在已放开非政府投资及非政府委托的建设项目专业服务价格的基础上,全面放开包括工程监理费在内的实行政府指导价管理的建设项目专业服务价格,实行市场调节价。《建设工程监理与相关服务收费管理规定》(发改价格〔2007〕670号)也一并废止。

实行市场调节价后,经营者应严格遵守《价格法》《关于商品和服务实行明码标价的规定》等法律法规的规定,告知委托人有关服务项目、服务内容、服务质量以及服务价格等,并在相关服务合同中约定。经营者提供的服务,应当符合国家和行业有关标准规范,满足合同约定的服务内容和质量等要求。不得违反标准规范规定或合同约定,通过降低服务质量、减少服务内容等手段进行恶性竞争,扰乱正常市场秩序。有关行业主管部门要加强对本行业相关经营主体服务行为监管。要建立健全服务标准规范,进一步完善行业准入和退出机制,为市场主体创造公开、公平的市场竞争环境,引导行业健康发展;要制定市场主体和从业人员信用评价标准,推进工程建设服务市场信用体系建设,加大对有重大失信行为的企业及负有责任的从业人员的惩戒力度。

二、监理费用计算

监理单位可根据委托监理业务的范围、要求深度和工程规模、难易程度及工作条件,并按招标文件确定的方法计算监理费用,测算监理服务成本。

(一)费用组成

监理费用一般应包括如下内容。

1. 监理人员费用

监理人员费用包括派驻现场监理人员的基本工资、加班费(法定节、假日的加班和法定工作时间以外的延时工作,按《中华人民共和国劳动法》的规定办理)、各种补助、各项津贴、个人所得税和其他费用。

2. 办公费、设施设备购置和运行费

办公费用包括:辅助、服务、勤杂等人员的聘用费,办公用品费,文具纸张费,资料费,劳动保护费,防暑降温费或冬季取暖费,伙食费,差旅费,煤、气、水、电费,交通、通信费和其他费用;设施设备费用包括办公生活设施、通信设施、交通工具以及必要的质量检测设备、测量设备数量等。

3. 公司管理费

公司管理费包括法定提留基金(工会、教育、职工福利、住房、保险、养老等)、管理费。

4. 设施与物品的使用费和维修费

项目法人免费提供给监理单位的设施与物品,所承担的相应使用费和维修费。如经双方约定,部分设施和物品由监理单位自备,相关费用应包含在总监理费用中。

5. 利润

监理单位应综合考虑项目及自身实际情况,确定合理的利润率。

6. 税费

监理单位应缴纳的税费，应执行国家现行税费标准。

（二）监理费用的常用计算方法

1. 实物量计算法

根据项目工期，以监理单位投入人员数量、人员工资为基础，以招标文件、项目所在省（自治区、直辖市）相关的地方规定及要求、监理企业的实际情况、项目所在地市场现行物价（工资）标准。可参照以下步骤计算：

（1）监理人员费。首先确定监理人员数量及相关服务期限。监理人员数量和服务期限应根据工程规模、现场作业面分布情况及监理工作的专业需求确定，同时考虑工程工期、工程施工强度等因素，确定分时段的人员进场计划，计算服务期内各类人员的总人·月数。其次是确定各类人员费用标准，主要考虑项目所在地人力成本、企业工资标准及人工费价格指数上涨等因素。监理人员根据工作需要，分为总监理工程师、副总监理工程师、监理工程师、监理员和辅助人员等岗位。

（2）办公费、设施设备购置和运行费。根据招标文件及工程实际需要，确定需要投入的办公费、设施设备等。办公费用可结合以往工程经验、市场价格进行测算；设施设备费用按采购价格扣除设备及物品残值后的工程使用月数的折旧金额计算，设施设备的运行费用按以往工程经验结合本工程特点计算，设施设备的价格按照实际采购价格或市场询价进行确定。

（3）公司管理费及利润，由监理单位综合考虑项目及自身实际情况确定。

（4）税费，执行国家、地区现行税费标准。

2. 按工程建设成本的百分比计算法（也称费率法）

这种方法是按照工程规模大小和所委托的工作内容的繁简，再以建设成本的一定比例来确定监理报酬的。一般情况下，工程规模越大，建设成本越高，监理取费的费率越低。采用这种办法的关键问题是，如何确定项目建设成本。通常可以用估算的工程费用作为计费基础，也可以按实际工程费用作计费基础，因此应当在合同中加以明确。如果是采用按实际工程费计提费用，那么要注意避免因为监理工程师提出合理化建议、修改设计使工程费用降低，从而导致监理报酬降低的情况发生。

3. 固定价格计算法

这种方法特别适用于小型或中等规模的工程项目，当监理单位在承接一项能够明确规定服务内容的业务时，经常采用这种方法。这种方法又可分为两种计算形式：一是确定工作内容后，以一笔总价一揽子包死，工作量有所增减，一般也不调整报酬；二是按确定的工作内容分类确定不同工程项目的价格，据以计算报酬总价，当工作量有变动时，可分别计算增减项目的价格，调整报酬总价。

思 考 题

4-1 签订建设监理合同的必要性是什么？

4-2 监理合同的主要内容是什么?
4-3 项目监理招标文件的主要内容是什么?
4-4 水利工程建设项目监理投标文件的主要内容是什么?
4-5 水利工程建设项目监理评标标准是什么?
4-6 水利工程建设项目监理评标方法是什么?
4-7 《标准监理招标文件》中通用合同条款规定的监理范围包括哪些内容?

第五章 水利工程建设监理组织

第一节 组织的基本原理

监理单位必须强化自身的组织管理,提高管理水平,才能保证工程项目监理工作的质量和水平,也才能在市场上有竞争力。监理单位加强自身组织管理的关键是应建立健全管理制度。

一、组织的概念

组织是管理的一项重要职能。建立精干、高效的监理组织,并使之得以正常运行,是实现监理目标的前提条件。所谓组织,就是为了使系统达到它特定的目标,使全体参加者经分工与协作以及设置不同层次的权力和责任制度而构成的一种人的组合体。它含有以下三层意思:

(1) 目标是组织存在的前提。
(2) 没有分工与协作就不是组织。
(3) 没有不同层次的权力和责任制度就不能实现组织活动和组织目标。

组织作为生产的要素之一,与其他要素相比有如下特点:其他要素可以互相替代,如增加机器设备等劳动手段可以替代劳动力,而组织不能替代其他要素,也不能被其他要素所替代。它只是使其他要素合理配合而增值的要素,也就是说组织可以提高其他要素的使用效益。随着现代化社会大生产的发展,随着其他生产要素的增加和复杂程度的提高,组织在提高经济效益方面的作用也日益显著。

二、组织结构

组织内部各构成部分和各部分间所确立的较为稳定的相互关系和联系方式,称为组织结构。关于组织结构的以下几种提法反映了组织结构的基本内涵:

(1) 确定正式关系与职责的形式。
(2) 向组织各个部门或个人分派任务和各种活动的方式。
(3) 协调各种分离活动和任务的方式。
(4) 组织中权力、地位和等级关系。

(一) 组织结构与职权的关系

组织结构与职权形态之间存在着一种直接的相互关系。因为结构与职位以及职位间关系的确立密切相关,因而它为职权关系提供了一定的格局。职权指的是组织中成员间的关系,而不是某一个人的属性。职权关系的格局就是组织结构,但它不是组织结构含义的全部。职权的概念与合法地行使某一职位的权力是紧密相关的，而且是以下级服从上级的命令为基础的。

(二) 组织结构与职责的关系

组织结构与组织中各部门的职责和责任的分派直接有关。有了职位也就有了职权，从而也就有了职责。组织结构为责任的分配和确定奠定了基础，而管理是以机构和人员职责的分派和确定为基础的，利用组织结构可以评价成员的功过，从而使各项活动有效开展。

(三) 组织结构图

描述组织结构的典型办法是通过绘制能表明组织的正式职权和结构图来进行的。组织结构图是组织结构简化了的抽象模型。但是，它不能准确地、完整地表达组织结构，例如，它不能说明一个上级对其下级所具有的职权的程度，以及平级职位之间相互作用的横向关系。尽管如此，它仍不失为一种表示组织结构的好方法。

三、组织设计

组织设计就是对组织活动和组织结构的设计过程。具体来说，有以下几个要点：

(1) 组织设计是管理者在系统中建立最有效相互关系的一种合理化的、有意识的过程。

(2) 这个过程既要考虑系统的外部要素，又要考虑系统的内部要素。

(3) 组织设计的结果是形成组织结构。有效的组织设计在提高组织活动效能方面起着重大的作用。

(一) 组织构成因素

组织构成一般是上小下大的形式，由管理层次、管理跨度、管理部门、管理职能四大因素组成。各因素是密切相关、相互制约的。在组织结构设计时，必须考虑各因素间的平衡与衔接。

1. 合理的管理层次

管理层次是指从最高管理者到实际工作人员的等级层次的数量。管理层次通常分为决策层、协调层、执行层和操作层。决策层的任务是确定管理组织的目标和大致方针，它必须精干、高效；协调层主要是参谋、咨询职能，其人员应有较高的业务工作能力；执行层是直接调动和组织人力、财力、物力等具体活动内容的，其人员应有实干精神并能坚决贯彻管理指令；操作层是从事操作和完成具体任务的，其人员应有熟练的作业技能。这四个层次的职能和要求不同，标志着不同的职责和权限，同时也反映出组织系统中的人数变化规律。它犹如一个三角形，从上至下权责递减，人数递增。管理层次不宜过多，否则是一种浪费，也会使信息传递慢、指令走样、协调困难。

2. 合理的管理跨度

管理跨度是指一名上级管理人员所直接管理的下级人数。这是由于每一个人的能力和精力都是有限度的，所以一个上级领导人能够直接、有效地指挥下级的数目是有一定限度的。管理跨度的大小取决于需要协调的工作量。管理跨度的大小弹性很大，影响因素很多。它与管理人员性格、才能、个人精力、授权程度以及被管理者的素质关系很大。此外，还与职能的难易程度、工作地点远近、工作的相似程度、工作制度和程序等客观因素有关。确定适当的管理跨度，需积累经验并在实践中进行必要的调整。

3. 合理的管理部门

组织中各部门的合理划分对发挥组织效应是十分重要的。如果部门划分不合理，会造成控制、协调困难，也会造成人浮于事，浪费人力、物力、财力。部门的划分要根据组织目标与工作内容确定，形成既有相互分工又有相互配合的组织系统。

4. 合理的管理职能

组织设计中确定各部门的职能，应使纵向的领导、检查、指挥灵活，达到指令传递快、信息反馈及时；要使横向各部门间相互联系、协调一致，使各部门能够有职有责、尽职尽责。

(二) 组织设计原则

现场监理组织的设计，关系到工程项目监理工作的成败，在现场监理组织设计中一般需考虑以下几项基本原则。

1. 集权与分权统一原则

集权是指把权力集中在主要领导手中；分权是指经过领导授权，将部分权力交给下级掌握。事实上，在组织中不存在绝对的集权，也不存在绝对的分权，只是相对集权和相对分权的问题。在现场监理组织设计中，采取集权形式还是分权形式，要根据工作的重要性、总监理工程师的能力、精力及监理工程师的工作经验、工作能力等综合考虑确定。

2. 专业分工与协作统一的原则

分工就是按照提高监理的专业化程度和工作效率的要求，把现场监理组织的目标、任务，分成各级、各部门、每个人的目标、任务，明确干什么、怎么干。

(1) 在分工中应强调以下几点：

1) 尽可能按照专业化的要求来设置组织结构。

2) 工作上要有严密分工，每个人所承担的工作，应力求达到较熟悉的程度，这样才能提高效率。

3) 要注意分工的经济效益。在组织中有分工还必须有协作，明确部门之间和部门内的协调关系与配合办法。

(2) 在协作中应强调以下几点：

1) 主动协调是至关重要的。要明确甲部门与乙部门的关系及其在工作中的联系与衔接，找出易出矛盾之点，加以协调。

2) 对于协调中的各项关系，应逐步走上规范化、程序化，应有具体可行的协调配合。

3. 管理跨度与管理层次统一的原则

管理跨度与管理层次成反比例关系。也就是说，管理跨度如果加大，那么管理层次就可以适当减少；反之，如果缩小管理跨度，那么管理层次肯定就会增多。一般来说，应该在通盘考虑决定管理跨度的因素后，在实际运用中根据具体情况确定管理层次。

4. 权责一致原则

权责一致的原则就是在监理组织中明确划分职责、权力范围，同等的岗位职务赋予同等的权力，做到责任和权力相一致。从组织结构的规律来看，一定的人总是在一定的岗位上担任一定的职务，这样就产生了与岗位职务相应的权力和责任，只有做到有职、有权、有责，才能使组织系统得以正常运行。由此可见，组织的权责是相对于一定的岗位职务来说的，不同的岗位职务应有不同的权责。权责不一致对组织的效能损害是很大的。权大于责就很容易产生乱指挥、滥用权力的官僚主义；责大于权就会影响管理人员的积极性、主动性、创造性，使组织缺乏活力。

5. 效率优先原则

现场监理组织设计必须将效率原则放在重要地位。组织结构中的每个部门、每个人为了一个统一的目标，组合成最适宜的结构形式，实行最有效的内部协调，使事情办得简捷而正确，减少重复和扯皮，并且具有灵活的应变能力。现代化管理的一个要求就是组织高效化。一个组织办事效率高不高，是衡量这个组织中的结构是否合理的主要标准之一。

6. 弹性原则

组织结构既要有相对的稳定性，不要轻易变动，但又必须随组织内部和外部条件的变化，根据长远目标做出相应的调整与变化，使组织结构具有一定的弹性。

第二节　建设项目监理组织模式

建设监理制度的施行，使工程项目建设形成了以项目法人、承包人、监理单位为三大主体的结构体系。它们为实现工程项目的总目标联结、联合、结合在一起，形成了工程项目建设的组织系统。在这个体系中，三大主体形成了平等的关系。在市场经济条件下，维系着它们关系的主要是合同。工程项目承发包模式在很大程度上影响了项目建设中三大主体形成的组织结构形式，即工程项目发包与承包的组织模式不同，合同结构不同，监理单位的组织结构也相应不同，它直接关系到工程项目的目标控制。因此，监理单位为了实现项目的目标控制，其组织结构必须与工程项目的发包及承包组织模式相适应。分析发包与承包的组织模式的目的，是为了结合工程特点合理地选择发包与承包的组织模式，以便双方的组织机构相互对应，便于管理。

监理单位接受项目法人委托实施监理之前，首先应建立与工程项目监理活动相适应的监理组织，根据监理工作内容及工程项目特点，选择适宜的监理组织形式。

一、建立工程项目监理组织的步骤

监理单位在组织项目监理机构时，一般按以下步骤进行。

(一) 确定监理工作目标

建设监理目标是项目监理组织设立的前提，应根据工程建设监理合同中确定的监理目标，明确划分为具体的分目标，如质量控制目标、安全监理目标、进度控制目标、资金控制目标等。

(二) 确定工作内容

根据监理目标和监理合同中规定的监理任务，明确列出监理工作内容，并进行分类、归并及组合,这是一项重要的组织工作。对各项工作进行归并及组合应以便于监理目标控制为目的,并考虑监理项目的规模、性质、工期、工程复杂程度以及监理单位自身技术业务水平、监理人员数量、组织管理水平等。

(三)组织结构设计

1. 确定组织结构形式

由于工程项目规模、性质、建设阶段等的不同,可以选择不同的监理组织结构形式,以适应监理工作需要。结构形式的选择应考虑有利于项目合同管理、有利于目标控制、有利于决策指挥、有利于信息沟通等因素。

2. 合理确定管理层次

监理组织结构中一般应有以下三个层次:

(1)决策层。由总监理工程师和其助手组成,要根据工程项目的监理活动特点与内容进行科学化、程序化决策。

(2)中间控制层(协调层和执行层)。由专业监理工程师和子项目监理工程师组成,具体负责监理规划的落实、目标控制及实施合同管理。属承上启下管理层次。

(3)作业层(操作层)。由监理员等组成,具体负责监理工作的操作。

3. 制定岗位职责

职务及职责的确定,要有明确的目的性,不可因人设岗。根据责权一致的原则,岗位应进行适当的授权,以承担相应的职责。

4. 选派监理人员

根据监理工作的任务,选择相应的各层次人员,除应考虑监理人员个人素质外,还应考虑总体的合理性与协调性。

(四)制定工作流程与考核标准

为使监理工作科学、有序地进行,应按监理工作的客观规律制定工作流程,规范化地开展监理工作,并应确定考核标准,对监理人员的工作进行定期考核。

二、建设监理组织模式

监理组织模式应根据工程项目的特点、工程项目承发包模式、项目法人委托的任务以及监理单位自身情况而确定。在建设监理实践中形成的监理组织模式一般分为职能型监理组织模式、直线型监理组织模式、直线职能型监理组织模式和矩阵型监理组织模式四种。

(一)职能型监理组织模式

职能型监理组织模式,是指总监理工程师下设若干职能机构,分别从职能角度对基层监理组进行业务管理,这些职能机构可以在总监理工程师授权的范围内,就其主管的业务范围,向下下达命令和指示,见图5-1。

职能型监理组织模式的优点是能体现专业化分工的特点,人力资源分配方便,有利于人员发挥专业特长,处理专门性问题水平高;缺点是命令源不唯一,同时权与责不够明确,有时决策效率低。这种形式适用于工程项目在地理位置上相对集中的、技术较复杂的

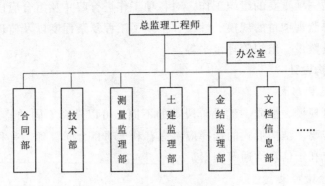

图 5-1 职能型监理组织模式

工程建设监理。

(二) 直线型监理组织模式

直线型监理组织模式是一种最简单的传统组织模式,它的特点是组织中各种职位是按垂直系统直线排列的,见图 5-2。

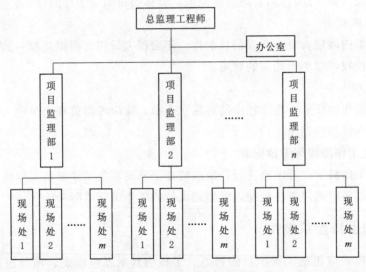

图 5-2 直线型监理组织模式

直线型监理组织模式的特点是命令系统自上而下进行,责任系统自下而上承担。上层管理下层若干个子项目管理部门,下层只接受唯一的上层指令。它可以适用于监理项目能划分为若干相对独立子项的、技术与管理专业性不太强的建设项目监理。总监理工程师负责整个项目的计划、组织和指导,并着重于整个项目范围内各方面的协调工作。子项目监理组分别负责子项目的目标控制,具体领导现场专业或专项监理组的工作。

直线型监理组织模式的主要优点是机构简单、权力集中、命令统一、职责分明、决策迅速、隶属关系明确、目标控制分工明确,能够发挥机构的项目管理作用;缺点是实行没有职能机构的"个人管理",这就要求各级监理负责人员博晓各有关业务,通晓多种知识技能,成为"全能"式人物。显然,在技术和管理较复杂的项目监理中,这种组织形式不太合适。

(三) 直线职能型监理组织模式

直线职能型监理组织模式是吸收了直线型监理组织模式和职能型监理组织模式的优点而构成的一种组织模式，见图5-3。

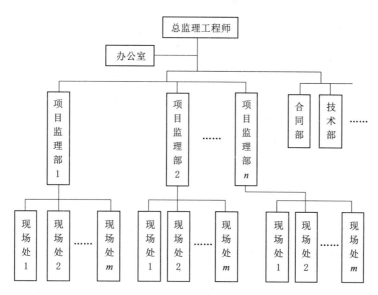

图5-3 直线职能型监理组织模式

直线职能型监理组织模式既有直线型监理组织模式权力集中、权责分明、决策效率高等优点，又兼有职能部门处理专业化问题能力强的优点。当然，这一模式的主要缺点是需投入的监理人员数量大。实际上，在直线职能型监理组织模式中，职能部门是直线机构的参谋机构，故这种模式也称为直线参谋模式或直线顾问模式。

(四) 矩阵型监理组织模式

矩阵型监理组织模式是第二次世界大战后在美国首先出现的。该模式是一种新型的监理组织模式。随着企业系统规模的扩大、技术的发展、产品类型的增多、必须考虑的企业外部因素的增多，企业系统的管理组织要有更好的适应性，既要有利于业务专业管理，又要有利于产品（项目）的开发，并能克服以上几种组织结构的缺点，如灵活性差、部门之间的横向联系薄弱等。

矩阵型监理组织模式是从专门从事某项工作小组（不同背景、不同技能、不同知识、分别选自不同部门的人员为某个特定任务而工作）的形式发展而来的一种组织结构。在一个系统中既有纵向管理部门，又有横向管理部门，纵横交叉，形成矩阵，所以称其为矩阵结构，见图5-4。

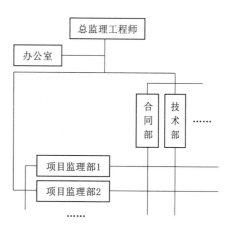

图5-4 矩阵型监理组织模式

为克服权力纵横交叉这一缺点,必须严格区分两类工作部门的任务、责任和权力,并应根据企业系统具体条件和外围环境,确定纵向、横向哪一个为主命令方向,解决好项目建设过程中各环节及有关部门的关系,确保工程项目总目标最优的实现。

三、现场监理人员配备及其职责

(一) 监理人员的配备

监理人员主要是指监理单位派往监理项目现场,为履行监理合同完成监理任务而组成的现场监理组织机构的人员。监理组织机构的人员配备要根据工程特点、监理任务及合理的监理深度与密度,优化组合,形成整体高素质的监理组织。

1. 项目监理组织的人员结构

项目监理组织要有合理的人员结构才能适应监理工作的要求。合理的人员结构包括以下两方面的内容。

(1) 合理的专业结构。合理的专业结构是指项目监理组织应由与监理项目的性质(如水利项目、水电项目或专业性强的生产项目)及项目法人对项目监理的要求(全过程监理或阶段监理、多目标控制或单一目标控制)相称职的各专业人员组成,要配套专业人员。一般来说,监理组织应具备与所承担的监理任务相适应的专业人员。如水利工程施工监理,应配备水工建筑、测量、地质、金属结构等专业人员。但是,当监理项目局部具有某些特殊性,或项目法人提出某些特殊的监理要求而需要借助于某种特殊的监控手段时,将这些局部的、专业性很强的监控工作另行委托给相应的咨询监理机构来承担,也应视为保证了人员合理的专业结构。例如,局部的钢结构、网架、罐体等质量监控需采用无损探伤及超声探测仪;水下及地下混凝土桩基,需采用遥测仪器探测等。

(2) 合理的技术职称结构。监理工作虽是一种高智能的技术性劳务服务,但绝非不论监理项目的要求和需要,追求监理人员的技术职称越高越好。合理的技术职称结构应是高级职称、中级职称和初级职称有与监理工作要求相称的比例。一般来说,决策阶段、设计阶段的监理,具有中级及中级以上职称的人员在整个监理人员构成中应占绝大多数,初级职称人员仅占少数。施工阶段的监理,应有较多的初级职称人员从事实际操作,如旁站、填记日志、现场检查、计量等。

2. 监理人员数量的确定

(1) 依据工程建设强度。工程建设强度是指单位时间内投入的工程建设资金的数量,它是衡量一项工程紧张程度的标准。

$$工程建设强度 = 投资 \div 工期$$

其中,投资是指由监理单位所承担的那部分工程的建设投资,工期是指这部分工程的工期。一般投资费用可按工程估、概算或按合同价计算,工期是根据进度总目标及其分目标计算。显然,工程建设强度越大,投入的监理人力就越多。工程建设强度是确定人数的重要因素。

(2) 依据工程复杂程度。每项工程都具有不同的情况。地点、位置、气候、性质、空间范围、工程地质、施工方法、后勤供应等不同,则投入的人力也就不同。根据一般工程的情况，可将工程复杂程度按设计量多少、工程地点、气候条件、工程地质、地形条件、施工方法、工程性质、工期要求、材料供应、工程分散程度等因素综合考虑，划分为简单、一般、一般复杂、复杂、很复杂等五个级别。一般情况下，简单级别的工程需要配置的监理人员少，而复杂的项目需要配置的监理人员就多。根据工程的复杂程度，可绘制工作分解结构图（WBS）和组织结构图，按监理工作需要配备监理人员。

（3）依据工程监理单位的业务水平。每个监理单位的业务水平有所不同，人员素质、专业能力、管理水平、工程经验、设备手段等方面的差异影响监理效率的高低。高水平的监理单位可以投入较少人力完成一个工程项目的监理工作，而一个经验不多或管理水平不高的监理单位则需要投入较多的人力。因此，各工程监理单位应当根据自己的实际情况制定监理人员需要量定额。具体到一个工程项目中，还应视配备的具体监理人员的水平和设备手段加以调整。

（4）依据监理组织结构和任务职能分工。监理组织情况牵涉具体人员配备，务必使监理机构与任务职能分工的要求得到满足。因而还需要将人员做进一步的调整。

（二）监理人员的权力与职责

根据工程承包合同的约定，监理人员受发包人的委托，享有合同约定的权力。监理人员的权力范围在工程承包合同的专用合同条款中明确。当监理人员认为出现了危及生命、工程或毗邻财产等安全的紧急事件时，在不免除合同约定的承包人责任的情况下，监理人员可以指示承包人实施为消除或减少这种危险所必须进行的工作，即使没有发包人的事先批准，承包人也应立即遵照执行。涉及费用调整的，应按工程承包合同约定执行。根据工程承包合同约定，监理人员所发出的任何指示应视为已得到发包人的批准，但监理人员无权免除或变更合同约定的发包人和承包人的权利、义务和责任。

监理实施过程中，总监理工程师可以授权其他监理人员负责执行其指派的一项或多项监理工作。总监理工程师应将被授权监理人员的姓名及其授权范围通知承包人。被授权的监理人员在授权范围内发出的指示视为已得到总监理工程师的同意，与总监理工程师发出的指示具有同等效力。总监理工程师撤销某项授权时，应将撤销授权的决定及时通知承包人。监理人员对承包人的任何工作、工程或其采用的材料和工程设备未在约定的或合理的期限内提出否定意见的，视为已获批准，但不影响监理人在以后拒绝该项工作、工程、材料或工程设备的权利。承包人对总监理工程师授权的监理人员发出的指示有疑问的，可向总监理工程师提出书面异议，总监理工程师应在48小时内对该指示予以确认、更改或撤销。

除合同约定的监理权力外，《水利工程施工监理规范》（SL 288—2014）规定了各级监理人员的主要职责，具体如下。

1. 总监理工程师主要职责

总监理工程师应负责全面履行监理合同约定的监理单位的义务，主要职责应包括以下各项。

（1）主持编制监理规划，制定监理机构工作制度，审批监理实施细则。

（2）确定监理机构部门职责及监理人员职责权限；协调监理机构内部工作；负责监理

机构中监理人员的工作考核，调换不称职的监理人员；根据工程建设进展情况，调整监理人员。

（3）签发或授权签发监理机构的文件。

（4）主持审查承包人提出的分包项目和分包人，报发包人批准。

（5）审批承包人提交的合同工程开工申请、施工组织设计、施工进度计划、资金流计划。

（6）审批承包人按有关安全规定和合同要求提交的专项施工方案、度汛方案和应急预案。

（7）审核承包人提交的文明施工组织机构和措施。

（8）主持或授权监理工程师主持设计交底，组织核查并签发施工图纸。

（9）主持第一次监理工地会议，主持或授权监理工程师主持监理例会和监理专题会议。

（10）签发合同工程开工通知、暂停施工指示和复工通知等重要监理文件。

（11）组织审核已完成工程量和付款申请，签发各类付款证书。

（12）主持处理变更、索赔和违约等事宜，签发有关文件。

（13）主持施工合同实施中的协调工作，调解合同争议。

（14）要求承包人撤换不称职或不宜在本工程工作的现场施工人员或技术、管理人员。

（15）组织审核承包人提交的质量保证体系文件、安全生产管理机构和安全措施文件并监督其实施，发现安全隐患并及时要求承包人整改或暂停施工。

（16）审批承包人施工质量缺陷处理措施计划，组织施工质量缺陷处理情况的检查和施工质量缺陷备案表的填写；按相关规定参与工程质量及安全事故的调查和处理。

（17）复核分部工程和单位工程的施工质量等级，代表监理机构检验和验收工程项目施工质量。

（18）参加或受发包人委托主持分部工程验收，参加单位工程验收、合同工程完工验收、阶段验收和竣工验收。

（19）组织编写并签发监理月报、监理专题报告和监理工作报告，组织整理监理档案资料。

（20）组织审核承包人提交的工程档案资料，并提交审核专题报告。

2. 总监理工程师不可授权副总监理工程师或监理工程师的职责

总监理工程师可书面授权副总监理工程师或监理工程师履行其部分职责，但下列工作除外：

（1）主持编制监理规划，审批监理实施细则。

（2）主持审查承包人提出的分包项目和分包人。

（3）审批承包人提交的合同工程开工申请、施工组织设计、施工总进度计划、年施工进度计划、专项施工进度计划、资金流计划。

（4）审批承包人按有关安全规定和合同要求提交的专项施工方案、度汛方案和应急预案。

(5) 签发施工图纸。

(6) 主持第一次监理工地会议,签发合同工程开工通知、暂停施工指示和复工通知。

(7) 签发各类付款证书。

(8) 签发变更、索赔和违约有关文件。

(9) 签署工程项目施工质量等级检验和验收意见。

(10) 要求承包人撤换不称职或不宜在本工程工作的现场施工人员或技术、管理人员。

(11) 签发监理月报、监理专题报告和监理工作报告。

(12) 参加合同工程完工验收、阶段验收和竣工验收。

3. 监理工程师职责

监理工程师是所实施监理工作的直接责任人,应按照职责权限开展监理工作并对总监理工程师负责。其主要职责应包括以下各项:

(1) 参与编制监理规划,编制监理实施细则。

(2) 预审承包人提出的分包项目和分包人。

(3) 预审承包人提交的合同工程开工申请、施工组织设计、施工总进度计划、年施工进度计划、专项施工进度计划、资金流计划。

(4) 预审承包人按有关安全规定和合同要求提交的专项施工方案、度汛方案和应急预案。

(5) 根据总监理工程师的安排核查施工图纸。

(6) 审批分部工程或分部工程部分工作的开工申请报告、施工措施计划、施工质量缺陷处理措施计划。

(7) 审批承包人编制的施工控制网和原始地形的施测方案;复核承包人的施工放样成果;审批承包人提交的施工工艺试验方案、专项检测试验方案,并确认试验成果。

(8) 协助总监理工程师协调参建各方之间的工作关系;按照职责权限处理施工现场发生的有关问题,签发一般监理指示和通知。

(9) 核查承包人报验的进场原材料、中间产品的质量证明文件,核验原材料和中间产品的质量,复核工程施工质量,参与或组织工程设备的交货验收。

(10) 检查、监督工程现场的施工安全和文明施工措施的落实情况,指示承包人纠正违规行为;情节严重时,向总监理工程师报告。

(11) 复核已完成工程量报表。

(12) 核查付款申请报表。

(13) 提出变更、索赔及质量和安全事故处理等方面的初步意见。

(14) 按照职责权限参与工程的质量检验和验收工作。

(15) 收集、汇总、整理监理档案资料,参与编写监理月报,核签或填写监理日志。

(16) 施工中发生重大问题或遇到紧急情况时,及时向总监理工程师报告、请示。

(17) 指导、检查监理员的工作,必要时可向总监理工程师建议调换监理员。

(18) 完成总监理工程师授权的其他工作。

(19) 机电设备安装、金属结构设备安装、地质勘察和工程测量等专业监理工程师应根据监理工作内容和时间安排完成相应的监理工作。

4. 监理员职责

监理员应按照职责权限开展监理工作,其主要职责应包括以下各项:

(1) 核实进场原材料和中间产品报验单并进行外观检查,核实施工测量成果报告。

(2) 检查承包人用于工程建设的原材料、中间产品和工程设备等的使用情况,并填写现场记录。

(3) 检查、确认承包人单元工程(工序)施工准备情况。

(4) 检查并记录现场施工程序、施工工艺等实施过程情况,发现施工不规范行为和质量隐患,及时指示承包人改正,并向监理工程师或总监理工程师报告。

(5) 对所监理的施工现场进行定期或不定期的巡视检查,依据监理实施细则实施旁站监理和跟踪检测。

(6) 协助监理工程师预审分部工程或分部工程部分工作的开工申请报告、施工措施计划、施工质量缺陷处理措施计划。

(7) 核实工程计量结果,检查和统计计日工情况。

(8) 检查、监督工程现场的施工安全和文明施工措施的落实情况,发现异常情况及时指示承包人纠正违规行为,并向监理工程师或总监理工程师报告。

(9) 检查承包人的施工日志和现场实验室记录。

(10) 核实承包人质量检验和验收的相关原始记录。

(11) 填写监理日记,依据总监理工程师或监理工程师授权填写监理日志。

第三节　监理大纲、监理规划及监理实施细则

一、监理大纲

(一) 监理大纲的概念和作用

监理大纲是指监理单位在监理招标投标阶段编制的规划性文件,是监理投标文件的组成部分。

监理大纲的主要作用包括以下内容:

(1) 使项目法人认可监理大纲中的监理方案,其目的是让项目法人确信本监理单位能胜任该项目的监理工作,从而承揽到监理业务。

(2) 为监理单位对所承揽的监理项目开展监理工作制订方案,也是作为制订监理规划的基础。

(二) 监理大纲的主要内容

监理大纲的主要内容有以下几点:

(1) 监理单位拟派往监理项目的主要监理人员,并对这些人员的资格情况作介绍。

(2) 监理单位根据项目法人所提供的和自己初步掌握的工程信息,制订准备采用的监理方案(如监理组织方案、目标控制方案、合同管理方案、组织协调等)。

(3) 明确说明将提供给项目法人的、反映监理阶段性成果的文件。

(三) 监理大纲的编写

监理单位应根据工程项目监理招标文件、项目的特点、规模以及监理单位自身的条件及以往承担工程项目监理的经验编写监理大纲。通常包括以下主要内容：

(1) 监理工程概况。
(2) 监理范围，监理内容。
(3) 监理依据，监理工作目标。
(4) 监理机构设置（框图），岗位职责。
(5) 监理工作程序、方法和制度。
(6) 拟投入的监理人员、试验检测仪器设备。
(7) 质量、进度、造价、安全、环保监理措施。
(8) 合同、信息管理方案。
(9) 组织协调内容及措施。
(10) 监理工作重点、难点分析。
(11) 对本工程监理的合理化建议。

二、监理规划

(一) 监理规划的概念

监理规划是指在监理单位与项目法人签订监理合同之后，由总监理工程师主持编制，并经监理单位技术负责人批准的用以指导监理机构全面开展监理工作的指导性文件。

任何项目的正常管理都始于规划。要进行有效的规划，首先必须确定项目的目标。当目标确定后，要制订实现目标的可行性计划。计划确定之后，计划中涉及的工作将落实到责任人，因工作分工的细化，为有效完成各项工作任务，需要设立对应的项目管理组织机构。为了使这个项目管理组织机构有效地发挥职能，必须明确该组织机构中每个人的职责、任务和权限。项目管理组织机构负责人的指挥能力是相当重要的，应恰当配备人选。管理的控制功能用来保障计划有效执行和管理目标的实现。管理目标的运行情况如何通过不断进行实际与计划的对比，找出差距，分析原因，采取措施，进行调整。整个过程中会涉及组织机构内部、外部机构间关系的协调。只有这样，才能实现项目的总目标。可见监理单位对工程项目的监督管理过程就是对项目组织、控制、协调的过程，建设监理规划就是项目监理组织对项目管理过程设想的文字表述。这也是编制工程建设监理规划的最终目的。建设监理规划是监理人员有效地进行监理工作的依据和指导性文件。

(二) 监理规划编写的依据

工程建设监理规划必须根据监理委托合同和监理项目的实际情况来制订。编制前要收集以下有关资料作为编制依据。

(1) 国家有关工程建设法律、法规、规章。
1) 中央、地方和相关部门的政策、法律、法规，包括工程建设程序、招标投标和建设监理制度、工程造价管理制度等。

2) 工程建设的技术标准。

(2) 工程监理合同，承包合同。

(3) 监理大纲。

(4) 监理单位自身条件。

(三) 监理规划编写的要求

1. 编写监理规划的内容应具有针对性、指导性

监理规划作为指导监理单位的项目监理组织全面开展监理工作的纲领性文件，应和施工组织设计一样，具有很强的针对性、指导性。对工程项目而言，没有两个项目是完全相同的，每个项目都有其特殊性，因而对于每个项目都要求有自己的工程建设监理规划。每个项目的监理规划既要考虑项目自身的本质特点，也要根据承担这个项目监理工作的工程建设监理单位的情况来编制，只有这样，监理规划才有针对性，才能真正起到指导作用，因而才是可行的。在工程监理规划中要明确规定项目监理组织在工程实施过程中，每个阶段要做什么工作及由谁来做这些工作；在什么时间和什么地点做这些工作及怎样才能做好这些工作。只有这样的监理规划才能起到有效的指导作用，真正成为项目监理组织进行各项工作的依据，也才能被称为纲领性的文件。

2. 由项目总监理工程师主持工程建设监理规划的编制

工程建设监理规定中明确我国工程项目建设监理实行总监理工程师负责制。监理规划既然是指导项目监理组织全面开展监理工作的纲领性文件，编写时就应当而且必须在总监理工程师的主持下进行，同时要广泛征求各专业监理工程师和其他监理人员的意见。在监理规划的编写过程中还要听取建设单位和被监理单位的意见，以便使监理工程师的工作得到有关各方的支持和理解。

3. 建设监理规划的编写要遵循科学性和实事求是的原则

科学性和实事求是是做好每项工作的前提，也是做好每项工作的重要保证。因此在编写监理规划时必须要遵循这两项原则。

4. 建设监理规划内容的书面表达方式

工程建设监理规划内容的书面表达应注意文字简洁、直观、意思确切。因此表格、图示及简单文字说明是经常采用的基本方法。

(四) 监理规划编写的要点

监理规划是在工程建设监理合同签订以后编制的指导监理机构开展监理工作的纲领性文件。它起着对工程建设监理工作全面规划和进行监督指导的重要作用。因此，监理规划比监理大纲在内容与深度上更为详细和具体，而监理大纲是编制监理规划的依据。监理规划应在项目总监理工程师的主持下，以监理合同、监理大纲为依据，根据项目的特点和具体情况，充分收集与项目建设有关的信息和资料，结合监理单位自身的情况认真编制。

(1) 监理规划的具体内容应根据不同工程项目的性质、规模、工作内容等情况编制，格式和条目可有所不同。

(2) 监理规划的基本作用是指导监理机构全面开展监理工作。监理规划应当对项目监理的计划、组织、程序、方法等做出表述。

(3) 总监理工程师应主持监理规划的编制工作，主要监理人员应根据分工，参与监理规划的编制。

(4) 监理规划应在监理大纲的基础上，结合承包人报批的施工组织设计、施工总进度计划编制，并报监理单位技术负责人批准后实施。

(5) 监理规划应根据工程项目实施情况、工程建设的重大调整或合同重大变更等对监理工作要求的改变进行修订。

(五) 监理规划的主要内容

1. 总则

(1) 工程项目基本概况，简述工程项目的名称、性质、等级、建设地点、自然条件与外部环境，工程项目建设内容及规模、特点，工程项目建设目的。

(2) 工程项目主要目标，包括工程项目总投资及组成、计划工期（包括阶段性目标的计划开工日期和完工日期）、质量控制目标。

(3) 工程项目组织，列明工程项目主管部门、质量监督机构、发包人、设计单位、承包人、监理单位、工程设备供应单位等。

(4) 监理工程范围和内容，包括发包人委托监理的工程范围和服务内容等。

(5) 监理主要依据，列出开展监理工作所依据的技术标准，批准的工程建设文件和有关合同文件、设计文件等的名称、文号等。

(6) 监理组织，包括现场监理机构的组织形式与部门设置、部门职责、主要监理人员的配置和岗位职责等。

(7) 监理工作基本程序。

(8) 监理工作主要制度，包括技术文件审核与审批、会议、紧急情况处理、监理报告、工程验收等方面。

(9) 监理人员守则和奖惩制度。

2. 工程质量控制

(1) 质量控制的内容。

(2) 质量控制的制度。

(3) 质量控制的措施。

3. 工程进度控制

(1) 进度控制的内容。

(2) 进度控制的制度。

(3) 进度控制的措施。

4. 工程资金控制

(1) 资金控制的内容。

(2) 资金控制的制度。

(3) 资金控制的措施。

5. 施工安全及文明施工监理

(1) 施工安全监理的范围和内容。

(2) 施工安全监理的制度。
(3) 施工安全监理的措施。
(4) 文明施工监理。

6. 合同管理的其他工作

(1) 变更的处理程序和监理工作方法。
(2) 违约事件的处理程序和监理工作方法。
(3) 索赔的处理程序和监理工作方法。
(4) 分包管理的监理工作内容。
(5) 担保及保险的监理工作。

7. 协调

(1) 协调工作的主要内容。
(2) 协调工作的原则与方法。

8. 工程质量检验与验收监理工作

(1) 工程质量验收。
(2) 工程验收。

9. 缺陷责任期监理工作

(1) 缺陷责任期的监理内容。
(2) 缺陷责任期的监理措施。

10. 信息管理

(1) 信息管理程序、制度及人员岗位职责。
(2) 文档清单、编码及格式。
(3) 计算机辅助信息管理系统。
(4) 文件资料预立卷和归档管理。

11. 监理设施

(1) 制订现场监理办公和生活设施计划。
(2) 制定现场交通、通信、办公和生活设施使用管理制度。

12. 监理实施细则编制计划

(1) 监理实施细则文件清单。
(2) 监理实施细则编制工作计划。

(六) 监理规划的审批

建设监理规划在总监理工程师主持下编制好以后，应由监理单位的技术负责人批准。在这一过程中，如实际情况或条件发生重大变化而需要调整监理规划时，不论是需要修改或补充，要经技术负责人批准后正式执行，批准后的监理规划应在监理合同约定的期限内报送项目法人。

三、监理实施细则

(一) 监理实施细则的概念和作用

监理实施细则是在监理规划指导下，在落实了各专业监理责任后，由专业监理工程师针对项目的具体情况制定的更具实施性和可操作性的业务文件。它起着具体指导监理实施工作的作用。

（二）监理实施细则的编制要点

（1）在施工措施计划批准后、专业工程（或作业交叉特别复杂的专项工程）施工前或专业工作开始前，负责相应工作的监理工程师应组织相关专业监理人员编制监理实施细则，并报总监理工程师批准。

（2）监理实施细则应符合监理规划的基本要求，充分体现工程特点和监理合同约定的要求，结合工程项目的施工方法和专业特点，明确具体的控制措施、方法和要求，具有针对性、可行性和可操作性。

（3）监理实施细则应针对不同情况制定相应的对策和措施，突出监理工作的事前审批、事中监督和事后检验。

（4）监理实施细则可根据实际情况按进度、分阶段编制，但应注意前后的连续性、一致性。

（5）总监理工程师在审核监理实施细则时，应注意各专业监理实施细则间的衔接与配套，以组成系统、完整的监理实施细则体系。

（6）在监理实施细则条文中，应具体写明引用的规程、规范、标准及设计文件的名称、文号；文中涉及采用的报告、报表时，应写明报告、报表所采用的格式。

（7）在监理工作实施过程中，监理实施细则应根据实际情况进行补充、修改和完善。

（三）监理实施细则的主要内容

1. 专业工程监理实施细则

专业工程主要指施工导（截）流工程、土石方明挖、地下洞室开挖、支护工程、钻孔和灌浆工程、地基及基础处理工程、土石方填筑工程、混凝土工程、砌体工程、疏浚及吹填工程、屋面和地面建筑工程、压力钢管制造和安装、钢结构的制作和安装、钢闸门及启闭机安装、预埋件埋设、机电设备安装、工程安全监测等。专业工程监理实施细则的编制应包括下列内容：

（1）适用范围。

（2）编制依据。

（3）专业工程特点。

（4）专业工程开工条件检查。

（5）现场监理工作内容、程序和控制要点。

（6）检查和检验项目、标准和工作要求。一般应包括：巡视检查要点，旁站监理的范围（包括部位和工序）、内容、控制要点和记录，检测项目、标准和检测要求，跟踪检测和平行检测的数量和要求。

（7）资料和质量检验和验收工作要求。

（8）采用的表式清单。

2. 专业工作监理实施细则

专业工作主要指测量、地质、试验、检测（跟踪检测和平行检测）、施工图纸核查与签发、工程验收、计量支付、信息管理等工作,可根据专业工作特点单独编制。根据监理工作需要,也可增加有关专业工作的监理实施细则,如进度控制、变更、索赔等。专业工作监理实施细则的编制应包括下列内容:

(1) 适用范围。

(2) 编制依据。

(3) 专业工作特点和控制要点。

(4) 监理工作内容、技术要求和程序。

(5) 采用的表式清单。

3. 安全监理实施细则

安全监理实施细则的编制应包括下列内容:

(1) 适用范围。

(2) 编制依据。

(3) 施工安全特点。

(4) 一般性安全监理工作内容和控制要点。

(5) 专项安全监理工作内容和控制要点(包括施工现场临时用电和达到一定规模的基坑支护与降水工程、土方和石方开挖工程、模板工程、起重吊装工程、脚手架工程、爆破工程、围堰工程和其他危险性较大的工程)。

(6) 安全监理的方法和措施。

(7) 安全检查记录和报表格式。

4. 原材料、中间产品和工程设备进场核验和验收监理的实施细则

原材料、中间产品和工程设备进场核验和验收监理的实施细则,可根据各类原材料、中间产品和工程设备的各自特点单独编制,应包括下列内容:

(1) 适用范围。

(2) 编制依据。

(3) 检查、检测、验收的特点。

(4) 进场报验程序。

(5) 原材料、中间产品检验的内容、技术指标、检验方法与要求,包括原材料、中间产品的进场检验内容和要求,检测项目、标准和检测要求,跟踪检测和平行检测的数量和要求。

(6) 工程设备交货验收的内容和要求。

(7) 检验资料和报告。

(8) 采用的表式清单。

监理实施细则的具体内容可根据工程特点和监理工作需要进行调整。

思 考 题

5-1 组织的概念和特征是什么?

5-2 建立组织的原则是什么?
5-3 承发包的基本模式有哪几种?
5-4 建设监理组织机构的模式有哪几种?
5-5 监理机构如何配备监理人员?
5-6 总监理工程师的主要职责是什么?
5-7 总监理工程师不得将哪些职责授权给监理工程师或副总监理工程师?监理工程师的主要职责是什么?
5-8 监理员的职责是什么?
5-9 建设监理大纲的作用是什么?
5-10 建设监理大纲的编写依据是什么?
5-11 建设监理规划的作用是什么?
5-12 建设监理规划的主要内容是什么?
5-13 建设监理规划的编写依据是什么?
5-14 建设监理实施细则的作用是什么?
5-15 建设监理实施细则的编写依据是什么?
5-16 建设监理实施细则的编写要点是什么?

第六章 监理业务的实施

监理单位在与项目法人签订监理合同后,应依据监理合同、工程承包合同的约定开展监理工作、履行监理职责。《水利工程施工监理规范》(SL 288—2014)中规定了水利工程施工监理的基本程序、方法,施工准备阶段、施工阶段和缺陷责任期阶段的施工监理工作内容及要求。《水利水电工程标准施工招标文件(2009年版)》中,约定的监理人的职责、权力等内容,也是水利工程监理业务实施的依据。

第一节 施工监理的基本程序、方法和制度

一、基本程序及准备工作

(一) 监理机构的组建

监理单位在合同签订后,应按合同约定组建监理机构,选派总监理工程师、监理工程师、监理员和其他工作人员。所选派的主要监理人员,应与合同文件中约定的一致,如有变更应征得项目法人同意。根据《水利工程质量管理规定》(水利部令第52号),现场监理人员应当按照规定持证上岗。总监理工程师和监理工程师一般不得更换;确需更换的,应当经项目法人书面同意,且更换后的人员资格不得低于合同约定的条件。

根据工程承包合同的约定,为了使承包人及时了解监理机构的情况,发包人应在发出开工通知前将总监理工程师的任命通知承包人。总监理工程师更换时,应在调离14天前通知承包人。总监理工程师短期离开施工场地的,应委派代表代行其职责,并通知承包人。

监理人员进驻现场后,提请发包人提供工程设计及批复文件、合同文件及相关资料,组织开展教育培训工作,使相关人员熟悉工程设计文件、监理合同和工程承包合同。

(二) 编制监理规划及实施细则

总监理工程师在进场后,应编制监理规划和监理工作制度,用以指导、规范监理工作,其中监理规划应按规定,经监理单位技术负责人批准后,报送发包人。主持第一次工地例会,会议上向其他参建单位就监理工作内容、范围、工作程序等进行交底,使参建单位了解监理工作程序、工作方法及工作要求等内容,便于参建各方更好地沟通协调。

监理实施细则,是监理开展工作的指导书。总监理工程师在进场后应组织各专业监理工程师,依据监理规划和工程进展,结合批准的施工措施计划,及时按进度、分专业、分批编制监理实施细则,并确保其合规性、针对性和可操作性。

(三) 实施监理工作

监理准备工作完成后,即依据合同约定及相关规定,全面开展监理工作,履行监理的

各项职责。

(四) 缺陷责任期监理工作

工程在进入缺陷责任期后,监理机构应监督承包人按计划完成工程项目的尾工,监督承包人对已完工程项目中存在的施工质量缺陷进行修复。根据监理工作需要,监理机构可适时调整人员和设施,除满足工作需要外,其他人员和设施可撤离现场。缺陷责任期监理工作结束后提请发包人结清监理报酬,向发包人提交有关监理档案资料、监理工作报告,移交发包人提供的文件资料和设施设备。

二、工作方法

根据《水利工程质量管理规定》(水利部令第52号)和《水利工程施工监理规范》(SL 288—2014)的规定,监理过程中,监理机构主要采取现场记录、发布文件、旁站监理、巡视检查、见证取样检测、平行检验、协调等方式开展监理工作。

1. 现场记录

监理机构应通过监理日志和监理人员的监理日记,详细、准确记录每日施工现场的人员、原材料、中间产品、工程设备、施工设备、天气、施工环境、施工作业内容、存在的问题及其处理情况等,全面、真实反映每日监理工作开展情况,也为监理工作提供可追溯的材料。

2. 发布文件

监理机构采用通知、指示、批复、确认等书面文件开展施工监理工作,是监理机构的重要工作手段,文件发布的对象包括发包人、承包人及监理范围内的材料、设备供应商等。

根据工程承包合同的约定,监理机构向承包人发出指示时,应盖有监理人授权的施工场地机构章,并由总监理工程师或总监理工程师按合同约定授权的监理人员签字。承包人收到监理机构按合同约定作出的指示后应遵照执行。指示构成变更的,应按合同约定处理。除合同另有约定外,承包人只从总监理工程师或按合同约定被授权的监理人员处取得指示。在紧急情况下,总监理工程师或被授权的监理人员可以当场签发临时书面指示,承包人应遵照执行。承包人应在收到上述临时书面指示后24小时内,向监理机构发出书面确认函。监理机构在收到书面确认函后24小时内未予答复的,该书面确认函应被视为监理机构的正式指示。

3. 旁站监理

旁站监理是指监理人员按照监理合同约定和监理工作需要,在施工现场对工程重要部位和关键工序的施工作业实施连续性的全过程监督、检查,并形成旁站记录。

4. 巡视检查

巡视检查是指对所监理工程的施工进行定期或不定期的监督与检查,并形成巡视记录。

5. 见证取样检测

见证取样检测是指在监理人员的监督下,由施工单位有关人员现场取样,并送到具有相应资质等级的工程质量检测单位所进行的检测。

见证取样资料由承包人制备，记录应真实齐全，监理机构、承包人等参与见证取样人员均应在相关文件上签字。

6. 平行检验

在承包人对原材料、中间产品和工程质量自检的同时，监理机构按照监理合同约定独立进行抽样检测，核验承包人的检测结果。

7. 协调

监理机构依据合同约定对施工合同双方之间的关系以及工程施工过程中出现的问题和争议进行沟通、协商和调解。

总监理工程师按照合同约定对任何事项进行商定或确定时，总监理工程师应与合同当事人协商，尽量达成一致。不能达成一致的，总监理工程师应认真研究后审慎确定。总监理工程师应将商定或确定的事项通知合同当事人，并附详细依据。对总监理工程师的确定有异议的，构成争议，应按合同约定的原则进行处理。

三、工作制度

监理工作开展前，监理机构应根据监理合同、承包合同等，结合实际工作需要编制各项规章制度或实施细则，用以指导、规范监理机构的工作。根据《水利工程施工监理规范》（SL 288—2014）的规定通常应制定包括以下内容的工作制度，在实践中也可以监理实施细则的形式发布，两者之间并没有严格的界限。

1. 技术文件核查、审核和审批制度

根据施工合同约定由发包人或承包人提供的施工图纸、技术文件以及承包人提交的开工申请、施工组织设计、施工措施计划、施工进度计划、专项施工方案、安全技术措施、度汛方案和应急预案等文件，均应经监理机构核查、审核（查）或审批后方可实施。

2. 原材料、中间产品和工程设备报验制度

监理机构对发包人或承包人提供的原材料、中间产品和工程设备进行核验或验收。不合格的原材料、中间产品和工程设备不允许投入使用，其处置方式和措施应得到监理机构的批准或确认。

3. 工程质量报验制度

承包人每完成一道工序或一个单元工程，都应经过自检。承包人自检合格后方可报监理机构进行复核。上道工序或上一单元工程未经复核或复核不合格，不得进行下道工序或下一单元工程施工。

4. 工程计量付款签证制度

所有申请付款的工程量、工作均应进行计量并经监理机构确认。未经监理机构签证的付款申请，发包人不得付款。

5. 会议制度

监理机构应建立会议制度，包括第一次监理工地会议、监理例会和监理专题会议。会议由总监理工程师或其授权的监理工程师主持，工程建设有关各方应派员参加。总监理工程师或授权副总监理工程师组织编写由监理机构主持召开会议的纪要，并分发给与会各

方。会议应符合下列要求：

（1）第一次监理工地会议。第一次监理工地会议应在监理机构批复合同工程开工前举行，会议主要内容包括：介绍各方组织机构及其负责人，沟通相关信息，进行首次监理工作交底，合同工程开工准备检查情况。会议的具体内容可由有关各方会前约定，会议由总监理工程师主持召开。

（2）监理例会。监理机构应定期主持召开由参建各方现场负责人参加的会议。会上应通报工程进展情况，检查上次监理例会中有关决定的执行情况，分析当前存在的问题，提出问题的解决方案或建议，明确会后应完成的任务及其责任方和完成时限。

（3）监理专题会议。监理机构应根据工作需要，主持召开监理专题会议。会议专题可包括施工质量、施工方案、施工进度、技术交底、变更、索赔、争议及专家咨询等方面。

6．紧急情况报告制度

当施工现场发生紧急情况时，监理机构应立即指示承包人采取有效的紧急处理措施，并向发包人报告。

7．工程建设强制性标准（条文）符合性审核制度

监理机构在审核施工组织设计、施工措施计划、专项施工方案、安全技术措施、度汛方案和应急预案等文件时，应对其与工程建设强制性标准（条文）的符合性进行审核。

8．监理报告制度

监理机构应及时向发包人提交监理月报、监理专题报告；在工程验收时，应提交工程建设监理工作报告。上述报告的内容可参照《水利工程施工监理规范》（SL 288—2014）。

9．工程验收制度

在承包人提交验收申请后，监理机构应对其是否具备验收条件进行审核，并根据相关水利工程验收规程或合同约定，参与或主持工程验收。

第二节 施工准备阶段的监理工作

施工准备阶段，即在发布开工通知之前，监理机构应对发包人、承包人条件的准备情况进行检查，参加设计交底、组织图纸会审等工作，以确保工程能顺利、按时开工。

一、发包人开工条件的检查

监理机构在开工前检查发包人应提供的施工条件是否满足开工要求，重点包括首批开工项目施工图纸的提供，测量基准点的移交，施工用地的提供，施工合同约定应由发包人负责的道路、供电、供水、通信及其他条件和资源的提供情况等。对不满足开工要求的，应及时提示发包人按合同约定开展相关工作，避免因发包人原因导致工期延误。

二、承包人开工条件的检查

承包人在施工准备完成后应向监理机构递交合同工程开工申请报告，并附相关开工准备情况的证明文件，监理机构应对承包人的开工准备情况进行逐项审核，经确认并报发包

人同意后发布工程开工通知。

(一) 人员情况

重点检查承包人派驻现场的项目经理、技术负责人、质量和专职安全管理人员及其他关键岗位等主要管理人员、技术人员是否与施工合同文件一致，如有变化，应提出审查意见并报发包人确认。除主要管理人员外，施工单位的特种作业人员（含特种设备作业人员），如电工、电焊工、架子工、塔吊司机、塔吊司索工、塔吊信号工、爆破工等，应检查其持证上岗情况。监理人员有权随时检查。监理人员认为有必要时，可进行现场考核。

承包人安排在施工场地的主要管理人员和技术骨干应相对稳定。施工单位一般不得更换派驻现场的项目经理和技术负责人；确需更换的，应当经项目法人书面同意，且更换后的人员资格不得低于合同约定的条件。监理人要求撤换不能胜任本职工作、行为不端或玩忽职守的承包人项目经理和其他人员的，承包人应予以撤换。

(二) 施工设备

监理机构应对承包人进场施工设备的数量、规格和性能是否符合施工合同约定，进场情况和计划是否满足开工及施工进度的要求进行检查。对承包人进场施工设备的检查应包括数量、规格、生产能力、完好率及设备配套的情况是否符合施工合同的要求，是否满足工程开工及随后施工的需要。对存在严重问题或隐患的施工设备，应及时书面督促承包人限时更换。

(三) 原材料、中间产品和工程设备

根据工程承包合同约定，监理机构应检查由承包人采购的进场原材料、中间产品和工程设备的质量、规格是否符合施工合同约定，原材料的储存量及供应计划是否满足开工及施工进度的需要。

(四) 检测条件

根据合同约定及有关规定，承包人在施工过程中应对原材料、中间产品及工程质量等进行自检。承包人应具备与工程规模、工程内容相适应的质量检测条件，当条件不具备时可以委托有相应资质和能力的检测机构检测。监理机构检查承包人的检测条件或委托的检测机构的主要要求包括以下几点：

(1) 检测机构的资质等级和试验范围的证明文件。
(2) 法定计量部门对检测仪器、仪表和设备的计量检定证书、设备率定证明文件。
(3) 检测人员的资格证书。
(4) 检测仪器的数量及种类。

(五) 测量基准点

监理机构检查承包人对发包人提供的测量基准点的复核，以及承包人在此基础上完成施工测量控制网布设及施工区原始地形图的测绘情况。

(六) 临时设施工程

监理机构对砂石料系统、混凝土拌和系统或商品混凝土供应方案以及场内道路、供水、供电、供风及其他施工辅助加工厂、设施的准备情况进行检查。

(七) 质量保证体系

承包人应在施工场地设置专门的质量检查机构，配备专职质量检查人员，建立完善的

质量检查制度。承包人应按技术标准和要求（合同技术条款）约定的内容和期限，编制工程质量保证措施文件，包括质量检查机构的组织和岗位责任、质量检查人员的组成、质量检查程序和实施细则等，提交监理机构审批。监理机构应在技术标准和要求（合同技术条款）约定期限内批复承包人。

（八）施工技术方案

根据合同约定，监理机构应审批承包人提交的施工组织设计、专项施工方案、施工措施计划、施工总进度计划、资金流计划、安全技术措施、度汛方案和应急预案。审批施工组织设计等技术方案的工作程序及基本要求主要包括以下几点：

(1) 承包人编制及报审。承包人应及时完成技术方案的编制及自审工作，并填写技术方案申报表，报送监理机构。

(2) 监理机构审核。总监理工程师应在约定时间内，组织监理工程师审查，提出审查意见后，由总监理工程师审定批准。需要承包人修改时，由总监理工程师签发书面意见，退回承包人修改后再报审，总监理工程师应组织重新审定，审批意见由总监理工程师（施工措施计划可授权副总监理工程师或监理工程师）签发。必要时与发包人协商，组织有关专家会审。

(3) 承包人应按批准的技术方案组织施工，实施期间如需变更，应重新报批。

（九）工艺试验及料场规划

监理机构检查承包人按照施工合同约定和施工图纸的要求需进行的施工工艺试验，如混凝土配合比、土石坝碾压试验、爆破试验、灌浆试验等，以及各种料场规划、复勘情况。

（十）承包人提供的图纸

监理机构核查由承包人负责提供的施工图纸和技术文件。若承包人负责提供的设计文件和施工图纸涉及主体工程的，监理机构应报发包人批准。

根据《水利水电工程标准施工招标文件（2009年版）》通用合同条款的约定，承包人提供的文件应按技术标准和要求（合同技术条款）约定的期限和数量提供给监理人。监理人应按技术标准和要求（合同技术条款）约定的期限批复承包人。

三、设计交底

监理机构应参加、主持或与发包人联合主持召开设计交底会议，由设计单位进行设计文件的技术交底。

四、施工图纸的核查与签发

工程施工所需的施工图纸，应经监理机构核查并签发后，承包人方可用于施工。施工图纸的核查与签发不属于设计监理或施工图纸审查范畴。承包人无图纸施工或按照未经监理机构签发的施工图纸施工的，监理机构有权责令其停工、返工或拆除，有权拒绝计量和签发付款证书。监理机构对施工图纸的核查主要包括以下内容：

(1) 施工图纸与招标图纸是否一致。

(2) 各类图纸之间、各专业图纸之间、平面图与剖面图之间、各剖面图之间有无矛盾，标注是否清楚、齐全，是否有误。

(3) 总平面布置图与施工图纸的位置、几何尺寸、标高等是否一致。

(4) 施工图纸与设计说明、技术要求是否一致。

(5) 其他涉及设计文件及施工图纸的问题。

在施工图纸核查过程中，监理机构可征求承包人的意见，必要时提请发包人组织有关专家会审。监理机构不得修改施工图纸，对核查过程中发现的问题，应通过发包人返回设计单位处理。

对承包人提供的施工图纸，监理机构应按施工合同约定进行核查，在规定的期限内签发。对核查过程中发现的问题，监理机构应通知承包人修改后重新报审。经核查的施工图纸应由总监理工程师签发，并加盖监理机构章。

设计人需要对已发给承包人的施工图纸进行修改时，监理人应在技术标准和要求（合同技术条款）约定的期限内签发施工图纸的修改图给承包人。承包人应按技术标准和要求（合同技术条款）的约定编制一份承包人实施计划提交监理人批准后执行。根据《水利工程质量管理规定》（水利部令第52号）的规定和合同条款的约定，施工单位发现设计文件和图纸有差错的，应当及时向项目法人、设计单位、监理单位提出意见和建议。

五、参与发包人组织的项目划分

工程项目划分工作，应由项目法人组织设计、施工、监理等参建单位共同开展。

第三节 施工阶段的监理工作

监理机构应在施工合同约定的期限内或发包人认为具备条件后，经发包人同意，向承包人发出开工通知，即进入了施工阶段的监理工作。在此阶段工作初期，应协助发包人向承包人移交施工合同约定的应由发包人提供的施工用地、道路、测量基准点以及供水、供电、通信等。该阶段的监理工作内容主要包括开工条件控制、工程质量控制、工程进度控制、工程资金控制、施工安全监理以及质量检验与验收等。

一、开工条件控制

承包人接到开工通知后，应及时组织进场和施工准备，向监理机构提交合同工程开工申请。

监理机构检查具备开工条件后，方可批复承包人的开工申请。由于承包人原因使工程未能按期开工的，监理机构应通知承包人按施工合同约定提交书面报告，说明延误开工原因及赶工措施。由于发包人原因使工程未能按期开工的，监理机构在收到承包人提出的顺延工期要求后，应及时与发包人和承包人共同协商确定补救办法。

监理机构批复承包人合同工程开工申请后，承包人在分部工程具备开工条件时，应向监理机构提出开工申请，经批准同意后方可开工。为了避免不必要的重复性工作，对施工作业相同或相近的分部工程以及分段、分层连续施工作业的系列分部工程，可一次申请和批复。根据施工条件和施工安排需要，承包人可向监理机构报送分部工程部分工作的开工申请，经监理机构批准后实施。

第一个单元工程在分部工程开工批准后自行开工，后续单元工程凭监理工程师签认的上一单元工程施工质量合格文件方可开工。对于混凝土浇筑工程，监理机构应对承包人报送的混凝土浇筑开仓报审表进行审批。符合开仓条件后，方可签发。

二、工程质量控制

监理机构在实施质量控制时，应按照监理工作制度和监理实施细则开展工程质量控制工作，并不断改进和完善。依据工程建设强制性标准（条文）、有关技术标准和施工合同约定，对施工质量及与质量活动相关的人员、原材料、中间产品、工程设备、施工设备、工艺方法和施工环境等质量要素进行监督和控制。控制活动贯穿于施工全过程。

监理机构有权对工程的所有部位及其施工工艺、材料和工程设备进行检查和检验。承包人应为监理人的检查和检验提供方便，包括监理机构到施工场地，或制造、加工地点，或合同约定的其他地方进行察看和查阅施工原始记录。承包人还应按监理机构指示，进行施工场地取样试验、工程复核测量和设备性能检测，提供试验样品、提交试验报告和测量成果以及监理机构要求进行的其他工作。监理机构的检查和检验，不免除承包人按合同约定应负的责任。

（一）原材料、中间产品及工程设备质量控制

承包人应按专用合同条款的约定，将各项材料和工程设备的供货人及品种、规格、数量和供货时间等报送监理机构审批。承包人应向监理机构提交其负责提供的材料和工程设备的质量证明文件，并满足合同约定的质量标准。对承包人提供的材料和工程设备，承包人应会同监理人进行检验和交货验收，查验材料合格证明和产品合格证书，并按合同约定和监理人员的指示，进行材料的抽样检验和工程设备的检验测试，检验和测试结果应提交监理人，所需费用由承包人承担。随同工程设备运入施工场地的备品备件、专用工器具与随机资料，应由承包人会同监理人按供货人的装箱单清点后共同封存，未经监理人同意不得启用。承包人因合同工作需要使用上述物品时，应向监理机构提出申请。

监理机构发现承包人未按施工合同约定和有关规定对原材料、中间产品进行检测的，应及时指示承包人补做检测并报验；若承包人未按监理机构的指示补做检测的，监理机构可委托其他有资质的检测机构进行检测，承包人应为此提供一切方便并承担相应费用。如发现承包人在工程中使用不合格的原材料、中间产品时，应及时发出指示禁止承包人继续使用，监督承包人标识、处置并登记不合格原材料、中间产品。对已经使用了不合格原材料、中间产品的工程实体，监理机构应提请发包人组织相关参建单位及有关专家进行论证，提出处理意见。监理机构应按施工合同约定的时间和地点参加工程设备的交货验收，组织工程设备的到场交货检查和验收。

（二）施工设备质量控制

监理机构发现承包人使用的施工设备影响施工质量、进度和安全时，应及时要求承包人增加或撤换。对于使用旧的施工设备（包括租赁的旧设备）应进行试运行，监理机构确认其符合使用要求和有关规定后方可投入使用。监理机构应监督承包人按照施工合同约定安排施工设备及时进场，并对进场的施工设备及其合格性证明材料进行核查。在施工过程中，监理机构应监督承包人对施工设备及时进行补充、维修和维护，以满足施工需要。

（三）测量质量控制

监理机构应主持测量基准点、基准线和水准点及其相关资料的移交，并督促承包人对其进行复核和照管；审批承包人编制的施工控制网施测方案，并对承包人施测过程进行监督，批复承包人的施工控制网资料；审批承包人编制的原始地形施测方案，并通过监督、复测、抽样复测或与承包人联合测量等方法，复核承包人的原始地形测量成果，以确保整个工程计量工作基础的准确性；监理机构可通过现场监督、抽样复测等方法，复核承包人的施工放样成果。

（四）现场工艺试验质量控制

需要通过现场工艺试验来确定施工参数的施工项目，监理机构应审批承包人提交的现场工艺试验方案，并监督其实施。现场工艺试验完成后，监理机构应确认承包人提交的现场工艺试验成果。依据确认的现场工艺试验成果，审查承包人提交的施工措施计划中的施工工艺。

对承包人提出的新工艺，监理机构应提请发包人组织设计单位及有关专家对工艺试验成果进行评审认定。

（五）施工过程质量控制

监理机构可通过现场察看、查阅施工记录以及旁站监理、跟踪检测和平行检测等方式，对施工质量进行控制。重点加强重要隐蔽单元工程和关键部位单元工程的质量控制，注重对易引起渗漏、冻融、冻蚀、冲刷、气蚀等部位的质量控制。

施工过程中要求承包人按施工合同约定及有关规定对工程质量进行自检，合格后方可报监理机构复核。单元工程（工序）的质量检验和验收未经监理机构复核或复核不合格，承包人不得开始下一单元工程（工序）的施工。

监理机构发现施工环境可能影响工程质量时，应指示承包人采取消除不良影响的有效措施。必要时应要求承包人暂时停工。

监理机构应对施工过程中出现的质量问题及其处理措施或遗留问题进行详细记录，并保存好相关资料。

工程设备安装完成后启动之前，监理机构按施工合同约定和有关技术要求，审核承包人提交的工程设备启动程序，并监督承包人进行工程设备启动与调试工作；参加工程设备的安装技术交底会议，监督承包人按照施工合同约定和工程设备供货单位提供的安装指导书进行工程设备的安装。

（六）旁站监理

监理机构应依据监理合同和监理工作需要在监理实施细则中明确旁站监理的范围、内容和旁站监理人员职责，并通知承包人。旁站监理人员应及时填写旁站监理值班记录。

除监理合同约定外，发包人要求或监理机构认为有必要并得到发包人同意增加的旁站监理工作，其费用应由发包人承担。

（七）工程质量检验

承包人应首先对工程施工质量进行自检。承包人未自检或自检不合格、自检资料不齐全的单元工程（工序），监理机构有权拒绝进行复核。监理机构对承包人经自检合格后报送的单元工程（工序）质量检验、验收表和有关资料，应按有关技术标准和施工合同约定的要求进行复核。复核合格后方可签字确认。

监理机构可通过平行检验核验承包人的检测试验结果。对重要隐蔽单元工程和关键部位单元工程应按有关规定组成联合验收小组共同检查并核定其质量等级，监理工程师应在质量等级签证表上签字。

在工程设备安装调试完成后，监理机构应监督承包人按规定进行设备性能试验，并按施工合同约定要求承包人提交设备操作和维修手册。

平行检验中需要进行检测的项目按照有关规定由具有相应资质等级的水利工程质量检测单位承担。平行检验的项目和数量（比例）应在监理合同中约定，且应满足《水利水电工程单元工程施工质量验收评定标准》（SL 631～SL 639）和《水利工程施工监理规范》（SL 288—2014）的有关规定。在《水利工程施工监理规范》（SL 288—2014）中规定，混凝土试样应不少于承包人检测数量的3%，重要部位每种标号的混凝土至少取样1组；土方试样应不少于承包人检测数量的5%，重要部位至少取样3组。施工过程中，监理机构可根据工程质量控制工作需要和工程质量状况等确定平行检测的频次分布。根据施工质量情况需要增加检测项目、数量时，监理机构可向发包人提出建议，经发包人同意增加的检测费用由发包人承担。《水利水电工程单元工程施工质量验收评定标准》（SL 631～SL 639）和《水利工程施工监理规范》（SL 288—2014）中对检测的项目和数量作了最低限度的规定。根据工程的重要性和其他具体要求，应检测试验的其他项目和检测数量可在监理合同中约定。

当平行检验结果与承包人的自检试验结果不一致时，监理机构应组织承包人及有关各方进行原因分析，提出处理意见。

由于受随机因素的影响，平行检验结果与承包人的自检结果存在偏差是必然的。结果与承包人的自检试验结果不一致时，应区分正常误差和系统偏差。只有发现系统偏差时，才需要分析原因并采取措施。

若原材料平行检验试验结果不合格，承包人应双倍取样，如仍不合格，则该批次原材料定为不合格，不得使用；若不合格原材料已用于工程实体，监理机构应要求承包人进行工程实体检测，必要时可提请发包人组织设计代表机构等有关单位和人员对工程实体质量进行鉴定。

（八）质量缺陷与质量事故处理

对工程施工过程中发生的质量缺陷，监理机构应组织填写施工质量缺陷备案表，内容应真实、准确、完整，并及时提交发包人。施工质量缺陷备案表应由相关参建单位签字。施工质量缺陷按照《水利工程质量事故处理暂行规定》（水利部令第9号）的规定确定，施工质量缺陷备案表按《水利水电建设工程验收规程》（SL 223—2008）的要求填写。

质量事故发生后，承包人应按规定及时报告。监理机构在向发包人报告的同时，应指示承包人及时采取必要的应急措施并如实记录。监理机构应参与工程质量事故处理后的质量检验与验收；指示承包人按照批准的工程质量事故处理方案和措施进行事故处理，并监督处理过程；积极配合事故调查组进行工程质量事故调查、事故原因分析等有关工作。工程质量事故分为一般质量事故、较大质量事故、重大质量事故、特大质量事故 4 类，监理机构不应将施工质量缺陷或仍未定性的质量问题称为质量事故。

三、工程进度控制

(一) 进度计划

监理机构应在合同工程开工前依据施工合同约定的工期总目标、阶段性目标和发包人的控制性总进度计划，制定施工总进度计划的编制要求，并书面通知承包人。为了保证进度计划的表达方式、格式和项目划分与发包人、监理机构的进度控制管理工作相协调，并提高承包人施工进度计划的可审核性和编制质量，承包人应按监理机构制定的进度计划编制要求编制。承包人应按施工合同约定的内容、期限和施工总进度计划的编制要求，编制施工总进度计划，报送监理机构。监理机构应在施工合同约定的期限内完成审查并批复或提出修改意见。经监理机构批准的施工进度计划称为合同进度计划，是控制合同工程进度的依据。承包人还应根据合同进度计划，编制更为详细的分阶段或单位工程或分部工程进度计划，报监理机构审批。施工进度延误后，无论何种原因承包人均应向监理机构按合同约定提出修订合同进度计划的申请报告，并按监理机构指示采取有效的赶工措施。

监理机构在审查时，可根据需要提请发包人组织设计代表机构、承包人、设备供应单位、征迁部门等有关方参加施工总进度计划协调会议，听取参建各方的意见，并对有关问题进行分析处理，形成结论性意见。

施工总进度计划审查应包括以下内容：

(1) 是否符合监理机构提出的施工总进度计划编制要求。
(2) 施工总进度计划与合同工期和阶段性目标的响应性与符合性。
(3) 施工总进度计划中有无项目内容漏项或重复的情况。
(4) 施工总进度计划中各项目之间逻辑关系的正确性与施工方案的可行性。
(5) 施工总进度计划中关键路线安排的合理性。
(6) 人员、施工设备等资源配置计划和施工强度的合理性。
(7) 原材料、中间产品和工程设备供应计划与施工总进度计划的协调性。
(8) 本合同工程施工与其他合同工程施工之间的协调性。
(9) 用图计划、用地计划等的合理性，以及与发包人提供条件的协调性。
(10) 其他应审查的内容。

为保证进度计划的可操作性，监理机构还应要求承包人依据批复的总进度计划，分别编制年、季、月单位工程和分部工程的进度计划，并上报审批。

(二) 进度检查

工程施工过程中，监理机构应对承包人进度计划执行情况进行监督检查，检查的内容主要包括：承包人是否按照批准的施工进度计划组织施工；资源的投入是否满足施工需要；分析实际施工进度与施工进度计划的偏差，重点分析关键路线的进展情况和进度延误的影响因素，并采取相应的监理措施。

（三）进度调整

监理机构在检查中发现实际施工进度与施工进度计划发生了实质性偏离时，应指示承包人分析进度偏差原因、修订施工进度计划报监理机构审批。当变更影响施工进度时，监理机构应指示承包人编制变更后的施工进度计划，并按施工合同约定处理变更引起的工期调整事宜。施工进度计划的调整涉及总工期目标、阶段目标改变，或者资金使用有较大的变化时，监理机构应提出审查意见报发包人批准。

（四）暂停施工

根据《水利工程施工监理规范》（SL 288—2014）的规定，监理机构在处理暂停施工的情形时，应按下列要求开展。

1. 应暂停施工的情况

关于暂停施工指标的下达，根据需要暂停的事项分为两种情形：一种是需要发包人同意后才能签发暂停指示；另外一种是监理机构认为发生了紧急事件，需要先签发暂停施工指示，再向发包人报告。

（1）在发生下列情况之一时，监理机构应提出暂停施工的建议，报发包人同意后签发暂停施工指示：

1）工程继续施工将会对第三者或社会公共利益造成损害。

2）为了保证工程质量、安全所必要。

3）承包人发生合同约定的违约行为，且在合同约定时间内未按监理机构指示纠正其违约行为，或拒不执行监理机构的指示，从而将对工程质量、安全、进度和资金控制产生严重影响时，需要停工整改。

（2）发包人在收到监理机构提出的暂停施工建议后，应在施工合同约定时间内予以答复；若发包人逾期未答复，则视为已同意，监理机构可据此下达暂停施工指示。

（3）监理机构认为发生了应暂停施工的紧急事件时，应立即签发暂停施工指示，并及时向发包人报告。在发生下列情况之一时，监理机构可签发暂停施工指示，并抄送发包人：

1）发包人要求暂停施工。

2）承包人未经许可即进行主体工程施工时，改正这一行为所需要的局部停工。

3）承包人未按照批准的施工图纸进行施工时，改正这一行为所需要的局部停工。

4）承包人拒绝执行监理机构的指示，可能出现工程质量问题或造成安全事故隐患，改正这一行为所需要的局部停工。

5）承包人未按照批准的施工组织设计或施工措施计划施工，或承包人的人员不能胜任作业要求，可能会出现工程质量问题或存在安全事故隐患，改正这些行为所需要的局部停工。

6）发现承包人所使用的施工设备、原材料或中间产品不合格，或发现工程设备不合格，或发现影响后续施工的单元工程（工序）不合格时，处理这些问题所需要的局部停工。分析停工后可能产生影响的范围和程度，确定暂停施工的范围。

2. 暂停施工后应开展的后续工作

下达暂停施工指示后，监理机构应开展以下后续工作，以最大程度减小停工的影响：

（1）指示承包人妥善照管工程，记录停工期间的相关事宜。

（2）督促有关方及时采取有效措施，排除影响因素，为尽早复工创造条件。

（3）具备复工条件后，应按合同约定或规范规定的程序履行复工手续。

（五）工期延误及调整

监理机构在处理工期延误时，应分清延误的责任主体。对由于承包人的原因造成施工进度延误，可能致使工程不能按合同工期完工的，监理机构应指示承包人编制并报审赶工措施报告；由于发包人的原因造成施工进度延误的，监理机构应及时协调，并处理承包人提出的有关工期、费用索赔事宜。发包人要求调整工期的，监理机构应指示承包人编制并报审工期调整措施报告，经发包人同意后指示承包人执行，并按照施工合同约定处理有关费用事宜。

四、工程资金控制

监理机构的资金控制工作，主要包括资金计划的管理，工程计量与支付等内容。监理机构在开展资金控制监理工作过程中，应严格依照工程承包合同中关于计量与支付的条款约定进行。在通用合同条款、专用合同条款中约定了工程计量与支付工作的基本要求；在合同技术条款中针对各类工程，分别约定了工程计量与支付的方式、原则；已标价的工程量清单中对于工程计量与支付，也有相应的约定。根据工程承包合同约定，监理机构的资金控制内容包括资金计划管理、工程计量与支付（进度款）、预付款支付、完工结算、最终结清等工作。

关于资金控制，2023年水利部印发的《水利工程造价管理规定》（水建设〔2023〕156号）要求，水利工程发包方和承包方应当在合同中明确约定合同价款及支付方式，并合理约定计价的风险内容及其范围。实行招标投标的水利工程，合同价款等主要条款应当与招标文件和中标人的投标文件的内容一致。在工程建设实施中，发包方和承包方应当按照合同约定办理工程价款结算。合同未作约定或约定不明的，承包方和发包方应当依据相关计价依据等协商确定结算原则。合同工程完工后，发包方和承包方应当根据合同约定的计价和调价方法、确认的工程量、变更及索赔事项处理结果等，进行完工结算。同时还要求监理单位应当按照合同约定，审核工程计量与支付、变更费用、价格调整、完工结算等造价文件，并对其签认的造价文件负责。

五、设计变更的管理

在水利水电工程建设过程中，设计变更包括两种情形：一是根据工程承包合同的约定发生的变更，二是根据《水利工程设计变更管理暂行办法》（水规计〔2020〕283号）的规定，对照已批准的初步设计所进行的修改。

(一) 合同约定的变更

根据《水利水电工程标准施工招标文件（2009年版）》中通用合同条款的约定，工程承包合同履行过程中，发生以下情形之一的，属于变更的情形，应按合同约定进行变更：

(1) 取消合同中任何一项工作，但被取消的工作不能转由发包人或其他人实施。

(2) 改变合同中任何一项工作的质量或其他特性。

(3) 改变合同工程的基线、标高、位置或尺寸。

(4) 改变合同中任何一项工作的施工时间或改变已批准的施工工艺或顺序。

(5) 为完成工程需要追加的额外工作。

(6) 增加或减少专用合同条款中约定的关键项目工程量超过其工程总量的一定数量的百分比。

在履行合同过程中，经发包人同意，监理人可按约定的变更程序向承包人作出变更指示，承包人应遵照执行。没有监理人的变更指示，承包人不得擅自变更。

(二) 对已批准初步设计的变更

在工程建设过程中，涉及对已批准初步设计的变更分为一般设计变更和重大设计变更，在《水利工程设计变更管理暂行办法》中分别规定了两种变更的情形。

监理机构在核查设计变更文件时，应对照《水利工程设计变更管理暂行办法》，判断变更的情形，并提醒项目法人按规定程序进行办理。

六、施工安全监理

施工安全监理重点应从以下几方面开展工作。

(一) 承包人方案审核

监理机构应审查承包人编制的施工组织设计中的安全技术措施、施工现场临时用电方案，以及应急预案、危险性较大的分部工程或单元工程专项施工方案是否符合水利工程建设强制性标准（条文）及相关规定的要求。

(二) 监理工作文件编制

监理机构编制的监理规划应包括安全监理方案，明确安全监理的范围、内容、制度和措施，以及人员配备计划和职责。监理机构对危险性较大的工程，应编制安全监理实施细则，明确安全监理的方法、措施和控制要点，以及对承包人安全技术措施的检查方案。

(三) 施工过程安全监理工作

施工过程中，监理单位应重点加强对承包人安全行为管理、专项技术方案执行情况、安全生产措施费用使用情况等的监督检查工作，重点管控危险性较大的工程、风险管控、事故隐患排查与治理等工作。发现施工安全隐患时，应要求承包人立即整改；必要时，可指示承包人暂停施工，并及时向发包人报告。

发生生产安全事故时，监理机构应指示承包人采取有效措施防止损失扩大，并按有关规定立即上报，配合安全事故调查组的调查工作，监督承包人按调查处理意见处理安全事故。

七、质量检验与评定

(一) 项目划分

质量检验与验收是将质量检验结果与国家或行业技术标准以及合同约定的质量标准所进行的比较活动。为做好工程质量检验与验收工作，项目划分应由项目法人组织监理、设计及施工等单位进行，并明确重要隐蔽单元工程和关键部位单元工程。项目划分及说明应由项目法人在主体工程开工前书面报送质量监督机构确认。

单元工程的项目划分，应依据《水利水电工程单元工程施工质量验收评定标准》(SL 631~SL 639) 的规定，在分部工程开工前，由建设单位组织监理、设计、施工等单位共同完成，并根据工程性质和部位确定重要隐蔽单元工程和关键部位单元工程。

(二) 工程质量检验的监理工作

承包人应按合同约定对材料、工程设备以及工程的所有部位及其施工工艺进行全过程的质量检查和检验，并作详细记录，编制工程质量报表，报送监理机构审查。监理机构有权对工程的所有部位及其施工工艺、材料和工程设备进行检查和检验。承包人应为监理机构的检查和检验提供方便，包括监理机构到施工场地，或制造、加工地点，或合同约定的其他地方进行察看和查阅施工原始记录。承包人还应按监理人指示，进行施工场地取样试验、工程复核测量和设备性能检测，提供试验样品、提交试验报告和测量成果以及监理机构要求进行的其他工作。监理机构的检查和检验，不免除承包人按合同约定应负的责任。

承包人使用不合格材料、工程设备，或采用不适当的施工工艺，或施工不当，造成工程不合格的，监理机构可以随时发出指示，要求承包人立即采取措施进行补救，直至达到合同要求的质量标准。

(三) 工程验收的监理工作

水利水电建设工程验收分为施工质量验收、合同工程验收、阶段验收、专项验收、专业验收及竣工验收等。其中施工质量验收分为单元工程验收、分部工程验收和单位工程验收。单元工程验收执行《水利水电工程单元工程施工质量验收评定标准》(SL 631~SL 639)，其他验收执行《水利水电建设工程验收规程》(SL 223)。

监理机构根据有关规定以及合同约定，参与工程的各类验收工作。监理机构可根据监理合同的约定，受发包人委托主持分部工程验收，参加发包人主持的单位工程验收和合同工程验收，参加枢纽工程导 (截) 流、水库下闸蓄水、引 (调) 排水工程通水、水电站 (泵站) 机组启动等阶段验收。

第四节 缺陷责任期的监理工作

水利工程的缺陷责任期从工程通过合同工程完工验收后开始计算。在合同工程完工验收前，已经发包人提前验收的单位工程或部分工程，若未投入使用，其缺陷责任期亦从工程通过合同工程完工验收后开始计算；若已投入使用，其缺陷责任期从通过单位工程或部分工程投入使用验收后开始计算。缺陷责任期的期限应在专用合同条款中进行约定。

监理机构应监督承包人对已完工程项目中所存在的施工质量缺陷进行修复。在承包人未能执行监理机构的指示或未能在合理时间内完成修复工作时，监理机构可建议发包人雇用他人完成施工质量缺陷修复工作，按合同约定确定责任及费用的分担。

由于在缺陷责任期工作内容大幅减少，监理机构可根据工程需要，适时调整人员和设施，除保留必要的外，撤离其他人员和设施，或按照合同约定将设施移交发包人。

缺陷责任期满后，监理机构应审核承包人提交的缺陷责任终止申请，满足合同约定条件的，提请发包人签发缺陷责任期终止证书。

第五节 其他专业监理工作

一、水土保持工程施工监理

水土保持工程一般分为水土保持综合治理工程和开发（生产）建设项目水土保持工程。水土保持综合治理工程是指以流域或区域为单元实施的水土流失综合治理工程，包括梯田、淤地坝、拦沙坝、塘坝、坡面截排水、引洪漫地工程、林草工程、封育工程；开发（生产）建设项目水土保持工程是指铁路、公路、城镇建设、矿山、电力、石油天然气、建材等开发建设项目的配套水土保持工程。

（一）水土保持工程施工监理实施范围

关于水土保持工程施工监理，根据《水利工程建设监理规定》（水利部令第28号，2017年水利部令第49号修正），总投资200万元以上且符合下列条件之一的水利工程建设项目，必须实行建设监理。

(1) 关系社会公共利益或者公共安全的。

(2) 使用国有资金投资或者国家融资的。

(3) 使用外国政府或者国际组织贷款、援助资金的。

铁路、公路、城镇建设、矿山、电力、石油天然气、建材等开发建设项目的配套水土保持工程，符合（1）~（3）款规定条件的，应当按照规定开展水土保持工程施工监理。

对于开发（生产）建设项目水土保持工程，凡主体工程开展监理工作的项目，应当按照水土保持监理标准和规范开展水土保持工程施工监理。其中，征占地面积在20公顷以上或者挖填土石方总量在20万立方米以上的项目，应当配备具有水土保持专业监理资格的工程师；征占地面积在200公顷以上或者挖填土石方总量在200万立方米以上的项目，应当由具有水土保持工程施工监理专业资质的单位承担监理任务。

（二）水土保持工程施工监理工作依据

水土保持工程施工监理与水利工程施工监理的工作程序基本相同，区别在于所执行的监理工作依据。具体包括：

(1) 国家水土保持政策、法律、法规和规章、规程、规范和标准。

(2) 水土保持方案、水土保持设计等。

(3) 施工合同中有关水土保持的条款和水土保持监理合同。

(4) 经批准的水土保持工程设计文件与水土保持监理方案。水土保持工程施工监理工作实施时，执行的技术标准包括《生产建设项目水土保持技术标准》（GB 50433—2018）、《生产建设项目水土流失防治标准》（GB/T 50434—2018）、《开发建设项目水土保持设施验收技术规程》（GB/T 22490—2008）、《水土保持工程质量评定规程》（SL 336—2006）、《水土保持工程施工监理规范》（SL/T 523—2024）等。

（三）水土保持工程变更

为了进一步加强和规范生产建设项目水土保持方案变更管理，水利部于 2016 年发布了《水利部生产建设项目水土保持方案变更管理规定（试行）》（办水保〔2016〕65 号），适用于水利部审批的生产建设项目水土保持方案的变更管理。县级以上地方人民政府水行政主管部门审批的生产建设项目水土保持方案的变更管理可参照执行。该规定明确了水土保持方案、水土保持措施和弃渣场等三种类型变更的管理要求。

1. 水土保持方案的变更

水土保持方案经批准后，生产建设项目地点、规模发生重大变化，有下列情形之一的，生产建设单位应当补充或者修改水土保持方案，报水利部审批：

(1) 涉及国家级和省级水土流失重点预防区或者重点治理区的。

(2) 水土流失防治责任范围增加 30% 以上的。

(3) 开挖填筑土石方总量增加 30% 以上的。

(4) 线型工程山区、丘陵区部分横向位移超过 300 米的长度累计达到该部分线路长度的 20% 以上的。

(5) 施工道路或者伴行道路等长度增加 20% 以上的。

(6) 桥梁改路堤或者隧道改路堑累计长度 20 千米以上的。

2. 水土保持措施的变更

水土保持方案实施过程中，水土保持措施发生下列重大变更之一的，生产建设单位应当补充或者修改水土保持方案，报水利部审批：

(1) 表土剥离量减少 30% 以上的。

(2) 植物措施总面积减少 30% 以上的。

(3) 水土保持重要单位工程措施体系发生变化，可能导致水土保持功能显著降低或丧失的。

3. 弃渣场的变更

在水土保持方案确定的废弃砂、石、土、矸石、尾矿、废渣等专门存放地（简称"弃渣场"）外新设弃渣场的，或者需要提高弃渣场堆渣量达到 20% 以上的，生产建设单位应当在弃渣前编制水土保持方案（弃渣场补充）报告书，报水利部审批。其中，新设弃渣场占地面积不足 1 公顷且最大堆渣高度不高于 10 米的，生产建设单位可先征得所在地县级人民政府水行政主管部门同意，并纳入验收管理。

渣场上述变化涉及稳定安全问题的，生产建设单位应组织开展相应的技术论证工作，按规定程序审查审批。

水土保持工程施工监理在监理过程中，应注意识别上述变更，及时提醒生产建设单位履行变更手续。

(四) 水土保持设施验收

2017年9月,《国务院关于取消一批行政许可事项的决定》(国发〔2017〕46号)取消了各级水行政主管部门实施的生产建设项目水土保持设施验收审批行政许可事项,转为生产建设单位按照有关要求自主开展水土保持设施验收。

2017年,水利部发布了《关于加强事中事后监管规范生产建设项目水土保持设施自主验收的通知》(水保〔2017〕365号),明确了生产建设项目水土保持设施自主验收的有关事宜。2018年,水利部又下发了《生产建设项目水土保持设施自主验收规程》(办水保〔2018〕133号),进一步明确了水土保持验收的工作要求。相关规定中,明确要求自主验收工作应按下列规定执行:

(1) 组织第三方机构编制水土保持设施验收报告。依法编制水土保持方案报告书的生产建设项目投产使用前,生产建设单位应当根据水土保持方案及其审批决定等,组织第三方机构编制水土保持设施验收报告。第三方机构是指具有独立承担民事责任能力且具有相应水土保持技术条件的企业法人、事业单位法人或其他组织。各级水行政主管部门和流域管理机构不得以任何形式推荐、建议和要求生产建设单位委托特定第三方机构提供水土保持设施验收报告编制服务。

(2) 明确验收结论。水土保持设施验收报告编制完成后,生产建设单位应当按照水土保持法律法规、标准规范、水土保持方案及其审批决定、水土保持后续设计等,组织水土保持设施验收工作,形成水土保持设施验收鉴定书,明确水土保持设施验收合格的结论。水土保持设施验收合格后,生产建设项目方可通过竣工验收和投产使用。

(3) 公开验收情况。除按照国家规定需要保密的情形外,生产建设单位应当在水土保持设施验收合格后,通过其官方网站或者其他便于公众知悉的方式向社会公开水土保持设施验收鉴定书、水土保持设施验收报告和水土保持监测总结报告。对于公众反映的主要问题和意见,生产建设单位应当及时给予处理或者回应。

(4) 报备验收材料。生产建设单位应在向社会公开水土保持设施验收材料后、生产建设项目投产使用前,向水土保持方案审批机关报备水土保持设施验收材料。报备材料包括水土保持设施验收鉴定书、水土保持设施验收报告和水土保持监测总结报告。生产建设单位、第三方机构和水土保持监测机构分别对水土保持设施验收鉴定书、水土保持设施验收报告和水土保持监测总结报告等材料的真实性负责。

(5) 强化生产建设项目水土保持事中事后监管,做好对生产建设项目水土流失防治情况的监督检查。县级以上人民政府水行政主管部门对跟踪检查中发现的未依法依规办理水土保持方案变更手续、在水土保持方案确定的弃渣场以外倾倒废弃土石渣、不按规定缴纳水土保持补偿费等违法违规行为,要依法严肃查处。生产建设单位未按规定取得水土保持方案审批机关报备证明的,视同为生产建设项目水土保持设施未经验收。对核查中发现的弄虚作假、不满足水土保持设施验收标准和条件而通过验收的,视同为水土保持设施验收不合格。

二、机电及金属结构设备制造监理

1. 基本概念

机电设备一般是指有电力控制的大型生产设备。机电设备产品指的是机械和电气设备的总和。水利水电工程中机电主要指启闭机、电动机和水轮发电机等。水利水电工程中的金属结构设备一般指安装于水利水电工程中的钢闸门、压力钢管、拦污栅等设备。

机电设备及金属结构设备制造监理是指设备监理单位受项目法人的委托，根据监理合同的约定，依照有关法规、规章、技术标准，对机电设备及金属结构设备形成的全过程或最终形成的结果实施监督和控制。监理工作一般采取驻厂监造方式。

2. 工作内容

机电及金属结构设备制造监理工作内容通常包括材料、机械设备的选择，工艺的选定，平台制作，下料，拼装，焊接，防腐，工序质量检测，中间检验，出厂验收等。对制造商上述工作依据合同约定及相关技术标准的规定，实施进度、质量、资金等的监理控制工作。

参照《水利水电工程设备监理规范》（T/CWEA 25—2024）设备制造监理单位，应监督和见证关键设备的制造过程。监理机构在开展制造监理之前，应编制监理规划，经监理单位技术负责人批准后报送发包人。监理工作过程中要求承包人按检验计划和检验要求进行设备制造与安装调试过程的检验工作，做好检验记录后向监理机构报审，监督检查承包人设备制造安装检验检测所用的检测仪器设备应满足被检测项目的精度或不确定度要求，并应经量值溯源；督促承包人在设备制造、运输与交付、安装与调试、试运行与验收等工作中执行水利工程建设标准相关规定。

三、水利工程建设环境保护监理

1. 基本概念

水利工程建设环境保护监理是指环境保护监理单位受项目法人委托，遵照国家和地方环境保护的法律、法规，根据经批准的水利工程环境影响评价文件、施工承包合同中有关环境保护的条款和项目法人签订的水利工程建设环境保护监理合同，对水利工程施工项目实施中产生的废水、废气、噪声和固体废弃物等采取的控制措施所进行的管理活动。

2. 工作职责

水利工程建设环境保护监理工作目标主要包括控制环境保护措施的实施、控制施工活动对环境的影响、控制环境保护设施实施进度、协调施工活动与环境保护的关系等。参照《水利工程施工环境保护监理规范》（T00/CWEA 3—2017），监理机构根据项目法人的授权及监理合同、工程承包合同的约定开展环境保护监理工作。环境保护监理机构的主要职责包括下列内容：

（1）审核承包人编制的施工组织设计中相关环境保护技术文件。

（2）参与工程施工监理机构组织的开工准备情况检查和开工申请审批等工作，检查开工阶段环境保护的措施方案落实情况。

（3）审核承包人编报的环境保护规章制度和环境保护责任制。

（4）审核承包人的环境保护培训计划，并监督承包人对其工作人员进行环境保护知识培训。

（5）督促、检查承包人严格执行工程承包合同中有关环境保护的条款和国家环境保护的法律法规。

(6) 监督承包人环境保护措施的落实情况。

(7) 检查施工现场环境保护情况，制止环境破坏行为。

(8) 根据现场检查和环境监测单位出具的环境监测报告，对存在的环境问题及时要求承包人采取措施，并要求承包人进行整改。

(9) 主持环境保护专题会议，协调施工活动与环境保护之间的冲突，参与工程建设中的重大环境问题的分析研究与处理。

(10) 检查承包人环境保护相关资料档案情况，整理环境保护监理的文件档案。

(11) 参加环境保护设施验收工作。

(12) 监理合同约定的其他职责。

3. 工作内容

水利工程建设环境保护监理的范围包括工程施工区域和工程影响区域，一般主要有各标段承包人及其分包人的施工现场、办公场所、生活营地、施工道路、附属设施等，以及在上述范围内的生产活动可能造成周边环境污染和生态破坏的区域；对涉及移民拆迁与安置和专项设施防护与拆迁等的大中型水利建设项目，一般还包括移民安置区和专项设施建设区。水利工程建设环境保护监理工作目标主要包括控制环境保护措施的实施、控制施工活动对环境的影响、控制环境保护设施实施进度、协调施工活动与环境保护的关系等。参照《水利工程施工环境保护监理规范》（T00/CWEA 3—2017），水利工程环境保护监理工作主要内容如下：

(1) 按合同约定，及时组建项目环境保护监理机构，配置监理人员，并进行必要的岗前培训。

(2) 向项目法人报送环境保护监理方案，对承包人进行监理工作交底。

(3) 审核承包人编报的施工组织设计中相关环境保护技术文件。

(4) 对生物及其他生态保护、土壤环境保护、人群健康保护、景观和文物保护等工作进行监督与控制。

(5) 对水污染防治及水环境保护、大气环境保护、噪声控制、固体废弃物处置等工作进行监督与控制。

(6) 对项目施工过程中环境污染治理设施、环境风险防范设施建设参照《建设工程施工现场环境与卫生标准》（JGJ 146—2013）相关要求进行施工监理，应监督落实工程"三通一平"实施过程中的环境保护措施。

(7) 项目完工后，环境保护监理机构应及时整编环境保护监理资料，按照《建设项目竣工环境保护验收技术规范 水利水电》（HJ 464—2009）的要求，完成并提交环境保护监理工作报告，参加环境保护专项工程的验收工作。

4. 工作依据

水利工程建设环境保护监理应依据以下要求开展工作：

(1) 国家环境保护政策、法律、法规和规章、规程、规范和标准。

(2) 环境影响评价报告、环境保护设计等。

(3) 施工合同中有关环境保护的条款和环境保护监理合同。

(4) 经批准的工程环境保护技术文件及建设环境保护监理方案。

5. 水利工程建设环境保护监理的实施时段

为落实建设项目环境保护"三同时"制度,应对项目施工过程实行全过程环境保护监理。项目建设环境保护监理工作应与项目的"三通一平"同时开始至项目的竣工验收而结束。

思 考 题

6-1 监理工作的基本程序是什么?

6-2 监理主要工作方法有哪些?

6-3 监理应编制哪些主要管理制度?

6-4 施工准备阶段监理单位主要开展的工作有哪些?

6-5 施工准备阶段对发包人和承包人开工条件检查的主要内容有哪些?施工阶段开工条件控制主要包括哪些内容?

6-6 施工质量控制工作的主要内容是什么?

6-7 进度控制工作的主要内容是什么?

6-8 资金控制工作的主要内容是什么?

6-9 质量检验与验收监理工作的主要内容是什么?

6-10 缺陷责任期监理工作的主要内容是什么?

6-11 水土保持工程重大设计变更包括哪几种类型?

第七章 建设监理信息管理

第一节 建设监理信息管理的基本概念

一、监理信息的概念

什么是信息,不同的人有不同的理解和不同的定义。在监理工作中,信息可定义为:信息是对数据的解释,它反映事物的客观状态和规律。这里所说的数据是指广义上的数据,包括文字、数值、语言、图表、图像、影像等表达形式。

数据有原始数据和整理加工后的数据之分。无论是原始数据还是整埋加工后的数据,经过人的解释,即赋予一定的含义后,才成为信息。这也就说明,数据与信息既有联系又有区别,信息虽然用数据表现,即信息的载体是数据,但并非任何数据都是信息。

信息与消息是有区别的:消息是关于人和事物情况的报道,它缺乏真实性与准确性,不能反映事物的客观状态和规律;在监理工作中,监理机构及监理人员向项目法人、承包人提供的是信息,而不是消息。

二、监理信息的特征

监理工作中的信息特征概括起来主要有以下几点:

(1) 真实性。由于信息反映事物或现象的本质及其内在联系,因此,真实和准确是信息的基本特征。缺乏这一特征,不能成为信息。

(2) 系统性。信息随着时间在不断地变化与扩充,在任何时候,任何信息都是信息源中有机整体的一部分,脱离整体与系统而孤立存在的信息,不能成为真正的信息。在监理工作中,资金、进度、质量三大控制信息,彼此之间构成一个有机的整体,相互矛盾是不允许的。

(3) 时效性。由于信息随着时间在发生变化,新出现的信息必然部分或全部地取代原有的信息。从取代之日起,原有的信息将成为历史,不能再成为用于决策的有用信息。监理工作中,随着国家法律法规的变化以及合同实施,资金、进度、质量三大目标的调整都将伴随出现许多新的信息而淘汰原有的信息。

(4) 不完全性。由于人的感官以及各种测试手段的局限性,对信息的收集、转换和利用不可避免有主观因素存在,对信息资源的开发和识别难以做到全面。监理工作中,让经验丰富的监理工程师来从事监理工作,可以不同程度地减少信息不完全的一面,以提高决策的正确性。

三、监理信息分类

(一) 监理信息分类的原则

(1) 稳定性。应选择分类对象最稳定的本质属性或特征作为信息分类的基础和标准,使信息分类体系建立在对基本概念和对象透彻理解的基础上。

(2) 兼容性。信息分类体系必须考虑项目参建各方的信息分类与编码体系的各种不同情况，能满足与不同项目参建方的信息交换。

(3) 可扩展性。信息分类体系应有较强的灵活性，可以在使用中便于扩展。信息体系可扩展性的最基本要求是保证在增加新的信息类型时，不至于打乱已建立的信息体系。同时，信息体系可扩展性还要求信息体系能够满足扩展和细化要求。

(4) 逻辑性。信息体系中各信息类目的设置应具有极强的逻辑性，便于人们对信息的整理、归档和分类查询。

(5) 实用性。信息的分类因项目不同而有所区别，同时，也决定于信息管理的手段。因此，信息分类的基本要求是实用性，而不是对通用信息体系的生搬硬套。

(二) 监理信息分类的方法

1. 线分类法

线分类法又称层级分类法或树状结构分类法。它是将分类对象按所选定的若干属性或特征逐次地分成相应的若干个层级目录，并排列成一个有层次的、逐级展开的树状信息分类体系。在同一层次中，同一层面的同位类目间存在并列关系，不重复、不交叉。这种分类方法是最为常用的方法，如经常按照工程项目逐层次按标段、单位工程、分部工程等层级结构分类信息。

2. 面分类法

面分类法是将所选定的分类对象的若干个属性或特性视为若干"面"，每个"面"中又可以分成许多彼此独立的若干个类目。在使用时，可根据需要将这些"面"中的类目组合在一起，形成一个复合的类目。在信息管理实践中，面分类法具有很好的适应性。

由于环境保护监理中的信息量巨大，单一的项目分类方法往往不能满足要求，常以一种分类方法为主，辅以另一种分类方法。例如，常以信息属性为主分类，辅以按项目组成的分级分类。

另外，为便于信息资料的归档管理与查询使用，也常采用以下方法：信息资料以某种方法分类归档，然后在信息存储时标注以主要属性，增加信息间的逻辑联系，便于信息的使用。

(三) 常见监理信息分类

按照一定的方式与标准将建设监理信息予以分类，便于进行信息资料的归档管理与查询、建立信息联系、进行信息统计以及在监理工作中高效利用信息。建设监理过程中涉及大量的信息，为便于管理和使用，可依据不同角度划分如下。

1. 按建设监理的目标划分

(1) 资金控制信息。资金控制信息是指与资金控制直接相关的信息。如各种投资估算指标、类似工程造价、物价指数、概算定额、预算定额、建设项目投资估算、设计概算、合同价、施工阶段的支付账单、完工结算与竣工决算、原材料价格、机械设备台班费、人工费、运杂费、资金控制的风险分析等。

(2) 质量控制信息。质量控制信息是指与质量控制直接相关的信息。如国家有关的质量政策及质量标准、工程项目建设标准、质量目标分解结果、质量控制工作制度、工作流程、风险分析、质量抽样检查的数据等。

（3）进度控制信息。进度控制信息是与进度控制直接相关的信息，如施工定额、工程项目总进度计划、进度目标分解、进度控制的工作制度、进度控制工作流程、风险分析、某段时间的施工进度记录等。

2. 按建设监理信息的来源划分

（1）项目法人来函，如项目法人的通知、指示、确认等。

（2）承包人来函，如承包人的请示、报批的技术文件、报告等。

（3）监理机构发函，如监理机构的请示、通知、指示、批复、报告等。

（4）监理机构内部技术文件、管理制度、通知、报告现场记录、调查表、监测数据、会议纪要等。

（5）主管部门文件。

（6）其他单位来函。

3. 按信息功能划分

（1）监理日志、记录、会议纪要等。

（2）监理月报、年报、监理专题报告和监理工作报告等。

（3）申请与批复等。

（4）通知、指示等。

（5）检查与检测记录及验收报告。

（6）合同文件、设计文件、监理规划、监理实施细则、监理制度、施工组织设计、施工措施计划、进度计划等技术和管理文件。

4. 按信息形式划分

（1）纸质（文字、图表）。

（2）声像。

（3）图片。

（4）电子文档。

5. 按其他标准划分

（1）按信息范围的不同，可将建设监理信息分为精细的信息和摘要的信息两类。

（2）按信息时间的不同，可将建设监理信息分为历史性的信息和预测性的信息。

（3）按监理阶段的不同，可将建设监理信息分为计划的、作业的、核算的和报告的信息。在监理工作开始时，要有计划的信息；在监理实施过程中，要有作业的和核算的信息；在监理工作结束时，要有报告的信息。

（4）按照信息的期待性不同，可将建设监理信息分为预知的和突发的信息两类。预知的信息是监理工程师可以估计的，它产生在正常情况下；突发的信息是监理工程师难以预计的，它发生在特殊情况下。

（5）按监理信息的稳定程度不同，可将建设监理信息分为静态信息和动态信息。

（6）按监理信息的层次不同，可将建设监理信息分为决策层信息、管理层信息和作业层信息。

四、信息编码

信息编码是将事物或概念（编码对象）赋予一定规律性的、易于计算机和信息相关人员识别与处理的符号。它具有标识、分类、排序等基本功能。信息编码是信息分类体系的体现，其基本原则如下：

(1) 唯一性。在一个分类编码标准中，每个编码对象仅有一个代码，每个代码唯一表示一个编码对象。

(2) 与分类体系的一致性。信息编码结构应与信息分类体系相适应。

(3) 可扩充性。信息编码必须留有适当的后备容量，以便于不断扩充。

(4) 简单性。信息编码结构应尽量简单，长度尽量短，以便于记忆和提高信息处理的效率。

(5) 适用性。信息编码应能反映信息对象的特点，以便于记忆和使用。

(6) 规范性。在同一个项目的信息编码标准中，代码的类型、结构及编写格式都必须统一要求。

五、信息管理与信息系统

1. 信息管理

信息管理是信息资料的收集、分类、整编、归档、保管、传阅、查阅、复制、移交、保密等一系列工作的总称。信息管理的目的就是通过有组织的信息流通，使决策者能及时、准确地获得有用的信息。

(1) 制定标准的文件、报表格式。

1) 常用报告、报表格式应采用《水利工程施工监理规范》（SL 288—2014）附表所列的和水利部印发的其他标准格式。

2) 文件格式应遵守国家及有关部门发布的公文管理格式，如文号、签发、标题、关键词、主送与抄送、密级、日期、纸型、版式、字体、份数等。

(2) 建立信息目录分类清单和信息编码体系，确定监理信息资料内部分类归档系统。

(3) 建立信息采集、分析、整理、保管、归档、查询系统及计算机辅助信息管理系统。

2. 信息系统

系统是由若干个具有独立功能的元素所组成的集合，这些元素之间互相制约，共同完成系统的总目标。根据系统原理，系统由输入、处理、输出、反馈、控制五个基本要素组成。信息系统就是信息被输入、被处理、最后被输出的系统，也就是信息流通的系统。信息系统可以用各种形式来表示，但不管何种形式，其输出的结果总是所需要的信息。

信息系统的种类很多，功能也各不相同，有些用于生产经营，有些用于经济管理，其中为管理提供所需要的各种信息的系统称为管理信息系统（Management Information System，MIS）。MIS是一个计算机辅助的信息系统，它可以帮助管理人员作出决策。MIS有许多不同的类型，按其面向管理工作的层次，可以分为高层管理、中层管理及作业层管理三种；按其数据组织和存储方式，可以分为文件系统和数据库应用系统两种；按其处理作业的方式，可以分为批处理和实时处理两种。

第二节　建设监理文档管理

一、建设监理文档管理的意义

工程档案是指水利工程在前期、实施、竣工验收等各建设阶段过程中形成的，具有保存价值的文字、图表、声像等不同形式的历史记录。工程档案工作是工程建设与管理工作的重要组成部分，是衡量水利工程质量的重要依据。

建设监理文档管理是指监理机构在开展监理工作期间，对工程建设实施过程中形成的文件资料进行收集、加工整理、立卷归档和检索利用等一系列工作。建设监理文档管理的对象是监理文件资料，它们是建设监理信息的载体。配备专门人员对监理文件资料进行系统、科学的管理，对于建设监理工作具有重要意义。具体体现在以下方面：

（1）对监理文件资料进行科学管理，可以为监理工作的顺利开展创造良好的条件。建设监理的主要任务是按照合同控制工程建设项目实施中的质量、进度、资金、安全，进行合同管理。在工程建设实施过程中产生的各种信息，经过收集、加工和传递，以监理文件资料的形式进行管理和保存，就会成为有价值的监理信息资源，它是开展监理工作的客观依据。

（2）对监理文件资料进行科学管理，可以极大地提高工程建设监理工作的效率。监理文件资料经过系统、科学地整理归类，形成监理文件档案库，当监理工作需要时，就能有针对性地及时提供完整的资料，从而迅速地解决监理工作中的问题；反之，如果文件资料分散，就会导致混乱，甚至散失，影响监理工作。

（3）对监理文件资料进行科学管理，可以为工程建设监理档案的建立提供可靠保证。监理文件资料的管理，是把工程建设监理的各项工作中形成的全部文字、声像、图纸及报表等文件资料进行统一管理和保存，从而确保文档资料的完整性。一方面，在项目验收以后，监理机构可将完整的监理文档资料移交项目法人，作为建设项目的档案资料；另一方面，完整的监理文档资料是建设监理单位具有重要历史价值的资料，监理单位可以从中获得宝贵的监理经验，有利于不断提高工程建设监理工作水平。

二、建设监理文档管理的主要内容

建设监理文档管理的主要内容包括监理文件资料传递流程的确定、监理文件资料的登录与分类存放，以及监理文件资料的立卷归档等。《水利工程建设项目档案管理规定》（水办〔2021〕200号）规定，勘察设计、监理、施工等参建单位，应建立符合项目法人要求且规范的项目文件管理和档案管理制度，报项目法人确认后实施；负责本单位所承担项目文件收集、整理和归档工作，接受项目法人的监督和指导。监理单位负责对所监理项目的归档文件的完整性、准确性、系统性、有效性和规范性进行审查，形成监理审核报告。

水利工程文件材料的收集、整理应符合《科学技术档案案卷构成的一般要求》（GB/T 11822—2008）的要求。归档文件材料的内容与形式均应满足档案整理规范要求：内容应完整、准确、系统；形式上应字迹清楚、图样清晰、图表整洁，竣工图及声像材料须标注的内容清楚，签字（章）手续完备，归档图纸应按《技术制图 复制图的折叠方法》（GB/T 10609.3—2009）要求统一折叠。电子文件的整理、归档参照《电子文件归档与电子档案管理规范》（GB/T 18894—2016）执行。

（一）建设监理文件资料传递流程的确定

建设监理组织中的信息管理部门是专门负责建设信息管理工作的，其中包括监理文件资料的管理。因此，在工程建设全过程中形成的所有文件资料，都应统一归口传递到信息管理部门，进行集中收发和管理。

（1）在监理组织内部，所有文件资料都必须先送交信息管理部门，进行统一整理分类、归档保存，然后由信息管理部门根据总监理工程师的指令和监理工作的需要，分别将文件资料传递给有关的监理人员。当然，任何监理人员都可以随时自行查阅经整理分类后的文件资料。

（2）在监理组织外部，在发送或接收项目法人、设计单位、承包人、材料供应单位及其他单位的文件资料时，也应由信息管理部门负责进行，这样使所有的文件资料只有一个进出口通道，从而在组织上保证了监理文件资料的有效管理。建设监理文件资料的管理和保存，主要由信息管理部门中的资料管理人员负责。作为文件资料管理的监理人员，必须熟悉各项监理业务，通过分析研究监理文件资料的特点和规律，对其进行系统、科学的管理，使其在建设监理工作中得到充分利用。

（3）监理资料管理人员还应全面了解和掌握工程建设进展和监理工作开展的实际情况，结合对文件资料的整理分析，编写有关专题材料，对重要文件资料进行摘要综述，包括编写监理工作月报、工程建设周报等。

（二）建设监理文件资料的登录与分类存放

工程建设监理信息管理部门在获得各种文件资料之后，首先要对这些资料进行登记，建立监理文件资料的完整记录。登录一般应包括文件资料的编号、名称和内容以及收发单位、收发日期等内容。对文件资料进行登录，就是将其列为建设监理正式文件资料。这样做不仅有据可查，而且便于分类、加工和整理。此外，监理资料管理人员还可以通过登录掌握文档资料及其变化情况，有利于文件资料的清点和补缺等。

随着工程建设的进展，所积累的文件资料会越来越多，如果随意存放，不仅查找困难，而且极易丢失。因此，为了能在建设监理过程中有效地利用和传递这些文件资料，必须按照科学的方法将它们分类存放。

文件资料应集中保管，对零散的文件资料应分门别类存放于文件夹中，每个文件夹的标签上要标明资料的类别和内容。为了便于文件资料的分类存放，并利用计算机进行管理，应按上述分类方法建立监理文件资料的编码系统。这样，所有文件资料都可按编码结构排列在书架上，不仅易于查找，也为监理文件资料的立卷归档提供了方便。

(三) 建设监理文件资料的立卷归档

为了做好工程建设档案资料的管理工作，充分发挥档案资料在工程建设及建成后维护中的作用，应将工程建设监理文件资料整理归档，即进行工程建设监理文件资料的编目、整理及移交等工作。

水利工程档案的保管期限分为永久、长期、短期三种。长期档案的实际保存期限不得短于工程的实际寿命。

1. 应归档的监理文件资料

根据《水利工程建设项目档案管理规定》（水办〔2021〕200号）的规定，应归档的监理文件包括下列内容：

(1) 监理（监造）项目部组建、印章启用、监理人员资质、总监任命、监理人员变更文件。

(2) 监理（监造）规划、大纲及报审文件、监理（监造）实施细则。

(3) 开工通知、暂停施工指示、复式通知等文件，图纸会审、图纸签发单。

(4) 监理平行检验、试验记录、抽检文件。

(5) 监理检查、复检、旁站记录、见证取样。

(6) 质量缺陷、事故处理、安全事故报告。

(7) 监理（监造）通知单、回复单、工作联系单、来往函件。

(8) 监理（监造）例会、专题会等会议纪要、备忘录。

(9) 监理（监造）日志、月报、年报。

(10) 监理工作总结、质量评估报告、专题报告。

(11) 工程计量支付文件。

(12) 联合测量或复测文件。

(13) 监理组织的重要会议、培训文件。

(14) 监理音像文件。

(15) 其他有关的重要往来文件。

2. 立卷归档的要求

(1) 编制案卷类目。案卷类目是为了便于立卷而事先拟定的分类提纲。案卷类目也称"立卷类目"或"归卷类目"。建设监理文件资料可以按照工程建设的实施阶段以及工程内容的不同进行分类。根据监理文件资料的数量及存档要求，每一卷文档还可再分为若干分册。文档的分册可以按照工程建设内容以及围绕工程建设进度控制、质量控制、投资控制和合同管理等内容进行划分。

(2) 案卷的整理。案卷的整理一般包括清理、拟题、编排、登录、编制书封、装订、编目等工作。

1) 清理。清理即对所有的监理文件资料进行彻底的整理。它包括收集所有的文件资料，并根据工程技术档案的有关规定，剔除不归档的文件资料。同时，要对归档范围内的文件资料再进行一次全面的分类整理，通过修正、补充，乃至重新组合，使立卷的文件资料符合实际需要。

2）拟题。文件归入案卷后，应在案卷封面上写上卷名，以备检索。

3）编排。编排即指编排文件的页码。卷内文件的排列要符合事物的发展过程，保持文件之间的相互关系。

4）登录。每个案卷都应该有自己的目录，简介文件的概况，以便于查找。目录的项目一般包括顺序号、发文字号、发文机关、发文日期、文件内容、页号等。

5）编制书封。书封即按照案卷封皮上印好的项目填写内容，一般包括机关名称、立卷单位名称、标题（卷名）、类目条款号、起止日期、文件总页数、保管期限，以及由档案室填写的目录号、案卷号。

6）装订。立成的案卷应当装订，装订要用棉线，每卷的厚度一般不得超过规定厚度。卷内金属物均应清除，以免锈污。

7）编目。案卷装订成册后，就要进行案卷目录的编制，以便统计、查考和移交。目录项目一般包括案卷顺序号、案卷类目号、案卷标题、卷内文件起止日期、卷内页数、保管期限、备注等。

（3）案卷的移交。案卷目录编成后，立卷工作即告结束，然后按照有关规定准备案卷的移交。

《水利工程建设项目文件收集与归档规范》（SL/T 824—2024）中分别对项目文件整理中的分类、组卷、排列、编目、装订与装具、案卷目录编制、检索工具等作出了详细的规定，同时也规定了项目电子文件、项目实物材料整理的有关要求。

（四）档案资料验收与移交

监理机构应按有关规定及监理合同约定，安排专人负责监理档案资料的管理工作。凡要求立卷归档的资料，应按照规定及时预立卷和归档，妥善保管。在监理服务期满后，对要求归档的监理档案资料逐项清点、整编、登记造册，移交发包人，并签署移交记录。要求在所监理项目合同验收后3个月内，向项目法人办理档案移交，并配合项目法人完成项目档案专项验收相关工作。项目档案移交时，应填写《水利工程建设项目档案交接单》，编制档案交接清册，包括档案移交的内容、数量、图纸张数等，经双方清点无误后办理交接手续。

第三节　建设监理信息管理要求

一、监理信息管理体系

为保证信息管理工作的质量和效果，监理机构应建立监理信息管理体系，明确信息管理的组织机构、人员及相关管理制度。监理信息管理体系应包括下列内容：

（1）配置信息管理人员并制定相应岗位职责。

（2）制订包括文档资料收集、分类、保管、保密、查阅、复制、整编、移交、验收和归档等的制度。

（3）制订包括文件资料签收、送阅程序，制定文件起草、打印、校核、签发等管理程序。

(4) 制订标准的文件、报表格式。

1) 常用报告、报表格式宜采用规定的其他标准格式。

2) 文件格式应遵守国家及有关部门发布的公文管理格式，如文号、签发、标题、关键词、主送与抄送、密级、日期、纸型、版式、字体、份数等。

(5) 建立信息目录分类清单、信息编码体系，确定监理信息资料内部分类归档方案。

(6) 建立计算机辅助信息管理系统。

(7) 根据《水利工程建设项目档案管理规定》（水办〔2021〕200号）、《水利水电建设工程验收规程》（SL 223—2008），施工监理实施过程中的监理资料主要包括下列内容：

1) 监理合同、监理规划、监理实施细则。

2) 开工、停工、复工相关文件资料（主要包括合同工程开工通知、合同工程开工批复、分部工程开工批复、暂停施工指示、复工通知等）。

3) 监理机构通知相关文件资料（主要包括监理通知、工程现场书面通知、警告通知、整改通知等）。

4) 监理机构审核、审批、核查、确认等相关文件资料。

5) 监理机构检查、检验、检测等相关记录文件资料（主要包括旁站监理记录、监理巡视记录、监理平行检测记录、监理跟踪检测记录、安全检查记录、监理日记、监理日志等）。

6) 施工质量缺陷备案资料。

7) 计量和支付相关文件资料（主要包括工程进度付款证书、合同解除付款核查报告、完工付款/最终结清证书等）。

8) 变更和索赔相关文件资料（主要包括变更指示、变更项目价格审核、变更项目价格/工期确认、索赔审核、索赔确认等）。

9) 会议记录文件（会议纪要、会议记录等）。

10) 监理报告（主要包括监理月报、监理专题报告、监理工作报告）。

11) 声像资料。

12) 监理收文、发文相关记录。

13) 其他有关的重要来往文件。

2024年发布的《水利工程建设项目文件收集与归档规范》（SL/T 824—2024），对监理单位应收集、归档的资料范围和内容进行了进一步的细化，分别针对设计监理、移民综合监理、施工监理、设备监造、环境保护监理、水土保持监理、信息系统开发监理等作出了详细的规定。

二、监理文件编制要求

监理机构应规范监理文件的编制及相关管理工作，监理文件编制应符合下列规定：

(1) 建立文件管理制度，明确文件管理程序，按规定进行文件的起草、打印、校核、签发等工作。

（2）监理机构发布的文件应表述明确、数字准确、简明扼要、用语规范、引用依据恰当，杜绝含糊其词、表述不清的文件，避免产生歧义、造成合同纠纷。

（3）监理机构所起草的文件应按公文写作要求和技术标准所确定的格式编写，紧急文件应注明"急件"字样，有保密要求的文件应注明密级。

三、通知与联络

监理机构发出的书面文件，应由总监理工程师或其授权的监理工程师签名、加盖本人执业印章，并加盖监理机构章。

监理机构与发包人和承包人以及与其他人的联络应以书面文件为准。在紧急情况下，监理工程师或监理员现场签发的工程现场书面通知可不加盖监理机构章，作为临时书面指示，承包人应遵照执行，但事后监理机构应及时以书面文件确认。若监理机构未及时发出书面文件确认，承包人应在收到上述临时书面指示后24小时内向监理机构发出书面确认函，监理机构应予以答复。监理机构在收到承包人的书面确认函后24小时内未予以答复的，该临时书面指示视为监理机构的正式指示。

监理机构应及时填写发文记录，根据文件类别和规定的发送程序，送达对方指定联系人，并由收件方指定联系人签收。对所有来往书面文件均应按施工合同约定的期限及时发出和答复，不得扣压或拖延，也不得拒收。

监理机构收到发包人和承包人的书面文件后，均应按规定程序（承包合同及相关管理制度）办理签收、送阅、收回和归档等手续。

在监理合同约定期限内，发包人应就监理机构书面提交并要求其作出决定的事宜予以书面答复；超过期限，监理机构未收到发包人的书面答复，则视为发包人同意。对于承包人提出要求确认的事宜，监理机构应在合同约定时间内做出书面答复，逾期未答复，则视为监理机构已经确认。

四、书面文件的传递

除施工合同另有约定外，书面文件应按下列程序传递：

（1）承包人向发包人报送的书面文件均应报送监理机构，经监理机构审核后转报发包人。

（2）发包人关于工程施工中与承包人有关事宜的决定，均应通过监理机构通知承包人。

（3）所有往来的书面文件，除纸质文件外还宜同时发送电子文档。当电子文档与纸质文件内容不一致时，应以纸质文件为准。

（4）不符合书面文件报送程序规定的文件，均视为无效文件。

五、监理日志、报告与会议纪要

监理日志、报告与会议纪要是监理工作过程的重要记录，监理机构应加强对监理日记和监理日志填写工作的管理。要求每位现场监理人员应按《水利工程施工监理规范》（SL 288—2014）规定的格式及时、准确地完成监理日记，记录施工现场的情况。总监理工程师应指定专人依据监理日记填写监理日志，并由总监理工程师授权的监理工程师签字。监理日志应按监理合同所包括的施工合同单独填写,并按月装订成册;如施工合同的单位工程个数较多,可根据施工合同所包括的单位工程类别分别填写并汇总成册。同时应对承包人的施工日志进行核查,以确认是否与施工现场实际情况一致。

监理机构应在每月的固定时间,向发包人、监理单位报送监理月报。也可根据工程进展情况和现场施工情况,向发包人报送监理专题报告。

监理机构应按照有关规定,在工程验收前提交工程建设监理工作报告,并提供监理备查资料。监理机构应安排专人负责各类监理会议的记录和纪要编写。会议纪要应经与会各方签字确认后实施,也可由监理机构依据会议决定另行发文实施。

六、对承包人档案资料的审核

项目档案是指水利工程建设项目在前期、实施、竣工验收等各阶段过程中形成的,具有保存价值并经过整理归档的文字、图表、音像、实物等形式的水利工程建设项目文件。项目档案工作是水利工程建设项目建设管理工作的重要组成部分,应融入建设管理全过程,纳入建设计划、质量保证体系、项目管理程序、合同管理和岗位责任制,与建设管理同步实施,所需费用应列入工程投资。项目档案应完整、准确、系统、规范和安全,满足水利工程建设项目建设、管理、监督、运行和维护等活动在证据、责任和信息等方面的需要。

根据《水利工程建设项目档案管理规定》(水办〔2021〕200号)的规定,项目法人对项目档案工作负总责,实行统一管理、统一制度、统一标准。与参建单位签订合同、协议时,应设立专门章节或条款,明确项目文件管理责任,包括文件形成的质量要求、归档范围、归档时间、归档套数、整理标准、介质、格式、费用及违约责任等内容。监理合同条款还应明确监理单位对所监理项目的文件和档案的检查、审查责任。

监理机构在项目档案专项验收前,应组织对所监理项目档案整理情况进行审核,并形成专项审核报告。专项审核报告应包括工程概况,监理单位履行审核责任的组织情况,审核所监理项目档案(含监理和施工)的范围、数量及竣工图编制质量情况,审核中发现的主要问题及整改情况,对档案整理质量的综合评价,以及审核结果等内容。

为进一步加强水利工程建设项目档案验收管理工作,规范档案验收程序,统一档案验收标准,确保档案验收质量,2023年水利部与国家档案局联合发布了《水利工程建设项目档案验收办法》(水办〔2023〕132号),办法中规定了水利工程建设项目档案验收组织、验收申请、验收程序等相关内容。在验收申请中规定,档案专项验收前,监理单位应对施工单位提交的项目档案质量已进行审核,确认已达到验收标准,并编制档案专项审核报告。在召开档案验收首次会时,监理单位应汇报项目档案审核情况。

根据审查结果,形成书面审查报告,具体应包括以下内容。

1. 工程概况

简介工程名称、地点、规模、性质、建设内容、投资额、立项批复、开完工日期、工程项目划分、主要设计变更等内容。

2. 审核依据及范围

介绍项目档案审核的依据,包括合同约定、相关国家及行业标准、项目法人制定的本项目的档案制度办法等；介绍档案审核涉及的范围等。

3. 审核工作组织

介绍监理单位审核档案的组织情况，包括档案审核职责、审核人员、审核流程等。

4. 审核工作内容

《水利工程建设项目文件收集与归档规范》（SL/T 824—2024）中规定，项目文件的归档审查分为技术审查和档案审查。建设单位与其他参建单位按照职责分工对归档文件进行审查，对审查发现的问题应及时整改，并形成记录。

（1）技术审查应对归档项目文件的完整性、准确性、系统性、规范性和有效性进行审查，具体内容包括：

1）按工程管理程序、施工工序审查施工文件的完整性。

2）依据现场实际情况，审查施工记录的真实性以及竣工图的准确性。

3）依据国家、水利行业现行标准规范审查施工用表、文件签署程序。

（2）档案审查应对归档项目文件的完整性、系统性和规范性进行审查，审查主要内容包括：

1）参照项目文件归档范围审查归档文件的完整性。

2）审查项目文件分类的科学性，组卷、排列的合理性，编目的规范性等。

5. 发现问题及整改

介绍归档文件材料及竣工图审核中发现的主要问题（如归档不齐全、竣工图不完善、题名不准确等）及整改情况。

6. 综合性评价

对审核档案完整、准确、系统、规范性的综合评价。

7. 审核结果

说明档案审核结论。明确项目档案是否达到验收条件，项目档案仍存在的遗留问题等。

七、归档手续

对需要归档的项目文件，应填写文件归档交接单、归档移交清单、电子文件归档登记表，清点无误并签字盖章后办理归档移交。

第四节　BIM 技术与数字孪生技术

伴随着数字化与信息化的热潮，在水利工程全生命周期中，应用 BIM、GIS、VR、物联网、云计算、大数据、移动应用等新一代信息技术，实现对水利对象及活动的透彻感知、全面互联、智能应用与泛在服务，构建智能化的智慧水利体系成为新阶段水利发展新质生产力的重要实施路径。

一、BIM 技术

建筑信息模型（Building Information Modeling）技术，简称 BIM 技术，是以建筑工

程项目的各项相关信息数据作为模型的基础，进行建筑模型的建立，通过数字信息仿真模拟建筑物所具有的真实信息，在项目策划、运行和维护的全生命周期过程中进行共享和传递，使工程技术人员对各种建筑信息作出正确理解和高效应对，为设计团队以及包括运营单位在内的各方建设主体提供协同工作的基础。

与传统水利相比，智慧水利可以促进水利工程规划设计、工程建设、运行维护的智慧化，提升工程的综合效益，保障国家水安全和经济社会的可持续发展。在水利工程建设过程中，实现工程建设信息全面感知、互联共享和智慧化管理，是水利工程建设者面临的时代课题。通过应用"BIM＋"技术，整合、分析水利工程设计、施工等相关数据，结合现场施工影像，可直观反映现场施工状态，辅助工程管理者掌控现场施工情况，有效提升水利工程管理精细度与实时性水平，从而保障工程建设工作的有序推进。

BIM技术有五大特点。一是可视化，即"所见即所得"，相对于二维图纸，BIM能够使工程构件之间形成互动性和反馈性的可视化，从而实现工程项目设计、建设、运管全过程的沟通、讨论、决策都能在可视化的状态下进行。二是协调性，在建筑物建造前期，BIM能够对各专业的碰撞问题进行协调，并生成协调数据，指导工作开展。三是模拟性，在设计阶段，BIM可以模拟不能够在真实世界中进行操作的事物，提升设计成果的可行性；在施工阶段，BIM可以根据施工的组织设计模拟实际施工，从而确定合理的施工方案来指导施工，节省项目建设成本。四是优化性，工程项目设计、施工、运管过程的优化，受信息、复杂程度和时间三种因素的制约。没有准确的信息，就做不出合理的优化结果，BIM不仅可以提供建筑物的实际存在的信息（包括几何信息、物理信息、规则信息等），还可提供建筑物建筑状态变化以后的实际存在信息。水利工程的复杂程度往往超过参与人员本身的能力极限，BIM及其配套的各种优化工具提供了对复杂水利工程项目进行优化的可能。五是精准可控性，BIM模型相对于二维图纸，更加直观、全面，可使建设管理人员更加精准地把控项目建设、运管全过程。

应用BIM技术可以将水利工程设计、施工、运行等全流程信息整合在一个三维模型信息数据库中，使项目法人、勘察设计、监理、施工、监督管理等各方人员可以基于BIM软件进行协同工作，有效提高工作效率、节省资源、降低成本，以实现可持续发展。

二、数字孪生技术

水利数字孪生技术，即通过大数据、云计算、人工智能等最新信息技术和水利业务深度融合，将江河湖泊、水利工程实时映射到数字世界，精准预报、超前预警、快速预演、制定预案，为防洪、水资源管理等水利工作提供智慧"大脑"。水利部正在大力推进数字孪生水利建设，将其作为水利领域发展新质生产力、推动高质量发展的重要路径。

2024年，水利部印发了《关于推进水利工程建设数字孪生的指导意见》（水建设〔2024〕93号）按照"需求牵引、应用至上、数字赋能、提升能力"要求，结合水利工程建设实际需求，以效用为导向，以数字化、网络化、智能化为主线，推进BIM技术、智能建造、智能监控、智能感知等数字孪生技术在水利工程建设领域的综合应用，深化水利工程建设全要素和全过程数字映射、智能模拟、前瞻预演，推动水利工程建设数字赋能和转型升级，实现对水利工程建设的精准感知、精确分析、精细管理，提升水利工程建设质量保障、安全保障、长效运行保障的能力和水平，为新阶段水利工程建设高质量发展提供前瞻性、科学性、精准性、安全性支撑。

工作目标是到 2025 年，新建大型和重点中型水利工程普遍开展信息化基础设施体系、数字孪生平台和业务应用体系建设，实现对水利工程建设过程动态感知、智能预警、智慧响应，数字孪生工程与实体工程同步验收、同步交付。水利工程建设数字孪生相关技术标准体系基本建立。推进有条件的中小型水利工程开展数字孪生建设。

到 2028 年，各类新建水利工程全面开展信息化基础设施体系、数字孪生平台和业务应用体系建设，水利工程建设数字孪生相关制度和技术标准体系更加完善，数字化、网络化、智能化管理能力显著提升。其中与水利工程建设相关的重点任务包括以下内容。

1. 推进 BIM 和 GIS 等技术应用

强化数字技术支撑，构建工程可视化模型，清楚展示水利工程建设全过程仿真模拟和关键节点数据。推进勘察设计阶段基于 BIM 等技术和模拟分析软件开展多专业一体化设计，优化设计流程，构建智能设计与数字化设计体系，推行规划、勘测、设计、施工、运维的数据交换和信息共享，实现数字化产品交付。建设阶段依托 BIM、GIS、北斗、物联网等技术开展施工组织，对工程施工全过程质量安全管理、进度投资控制等重要信息进行感知、监测、分析、预警和响应，提高施工质量、安全、进度和造价控制水平，完工时交付工程施工信息模型成果。

2. 提升水利工程智能建造水平

加快推进智能温控、智能灌浆、智能振捣、智能碾压、智能隧洞掘进等智能建造设备及装备应用，综合利用物联网、北斗、云计算、大数据、人工智能等新一代信息技术，提高水利工程建设过程的感知、分析、决策和执行能力，引导水利工程施工逐步向智能化施工转变。加强智能控制和优化、数据采集与分析、故障诊断与维护等智能建造设备的关键核心技术研发力度。

3. 提高建设管理智能监控能力

推广智能监控设备和信息技术在水利工程建设中的融合应用，提高工程施工现场的人员、设备、物料、环境等信息采集和监控水平，强化隧洞工程施工的超前地质预报、施工期不良地质条件的监测和危险性较大设备运行数据的实时监控，提升施工现场的智能监控、施工环境和重大危险源信息实时预警能力。探索人工智能辅助决策模型在工程质量和安全监管、安全监测等方面的推广应用。

思 考 题

7-1 信息在工程建设监理中的重要作用是什么？

7-2 建设监理工作中的信息来源通常有哪几种？

7-3 建设监理工作中主要搜集哪些信息?
7-4 建设监理文档管理的意义是什么?
7-5 工程建设监理文档管理的主要内容是什么?
7-6 工程建设监理文档管理工作的基本要求是什么?

第八章 全过程工程咨询与工程总承包监理

第一节 全过程工程咨询概述

一、全过程工程咨询基本概念

全过程工程咨询服务是指对工程建设项目前期研究和决策以及工程项目实施和运行（或称运营）的全生命周期提供全方位的咨询服务。

全过程工程咨询服务通常由一家具有综合能力的咨询单位实施，也可由多家具有勘察、设计、监理、招标代理、造价、项目管理等能力的咨询单位联合实施（即可采用联合体方式或允许部分业务分包），将有效解决现行工程建设管理模式下的多项业务过于分散、粗放型管理的不利局面，弥补项目法人单位技术力量的不足，可以降低工程建设成本、提高管理效率和投资效益。

改革开放以来，我国工程咨询服务市场化快速发展，形成了投资咨询、招标代理、勘察、设计、监理、造价、项目管理等专业化的咨询服务业态，部分专业咨询服务建立了执业准入制度，促进了我国工程咨询服务专业化水平的提升。随着我国固定资产投资项目建设水平的逐步提高，为更好地实现投资建设意图，投资者或建设单位在固定资产投资项目决策、工程建设、项目运营过程中，对综合性、跨阶段、一体化的咨询服务需求日益增强。这种需求与现行制度造成的单项服务供给模式之间的矛盾日益突出。

2017年2月，《国务院办公厅关于促进建筑业持续健康发展的意见》（国办发〔2017〕19号）首次提出，在建筑业领域完善工程建设组织模式，培育全过程工程咨询。鼓励投资咨询、勘察、设计、监理、招标代理、造价等企业采取联合经营、并购重组等方式发展全过程工程咨询，培育一批具有国际水平的全过程工程咨询企业。

2019年3月，国家发展改革委与住房城乡建设部发布了《关于推进全过程工程咨询服务发展的指导意见》（发改投资规〔2019〕515号），为全过程工程咨询进一步提供了制度保障，明确了发展方向。2020年8月28日，住房城乡建设部、教育部、科学技术部、工业和信息化部等九部门联合印发《关于加快新型建筑工业化发展的若干意见》，提出要发展全过程工程咨询，大力发展以市场需求为导向、满足委托方多样化需求的全过程工程咨询服务，培育具备勘察、设计、监理、招标代理、造价等业务能力的全过程工程咨询企业。地方政府及其部门也相继出台了大量的鼓励和指导性文件。

全过程工程咨询的主要目的是使"碎片化"咨询管理转向"全过程"咨询管理。"全过程"的真正含义应解释为"集成"。集成咨询有多种组织形式，可以是全过程集成咨询，也可以是部分阶段集成咨询。而集成是全过程的本质，集成的对象是技术、经济、管理、信息、法务等知识整合，本质是协同创新。

二、全过程工程咨询服务范围和内容

从项目全生命周期的角度，全过程工程咨询服务可划分为投资决策、工程建设和运营三个阶段。工作内容包括项目策划（项目建议书、可行性研究）、勘察设计（或勘察设计管理咨询）、招标代理、工程监理、造价咨询、项目管理、运行维护等。

工程建设项目在确定全过程工程咨询服务内容时，可根据项目实际需要，选择上述全部服务内容，也可在上述工作阶段和内容中采取"菜单式"的组合服务模式。

除投资决策综合性咨询和工程建设全过程咨询外，咨询单位可根据市场需求，从投资决策、工程建设、运营等项目全生命周期角度，开展跨阶段咨询服务组合或同一阶段内不同类型咨询服务组合。鼓励和支持咨询单位创新全过程工程咨询服务模式，为投资者或建设单位提供多样化的服务。同一项目的全过程工程咨询单位与工程总承包、施工、材料设备供应单位之间不得有利害关系。

三、全过程工程咨询组织模式

根据《国务院关于深化"证照分离"改革进一步激发市场主体发展活力的通知》（国发〔2021〕7号）的规定，目前中央层面设定的涉企经营许可事项改革清单中，全过程工程咨询服务内容涉及的资质类型仅包括勘察、设计和工程监理三项，其他服务内容均不要求具备资质，全过程工程咨询服务本身也不需要资质。

工程建设全过程咨询服务应当由一家具有综合能力的咨询单位实施，也可由多家具有招标代理、勘察、设计、监理、造价、项目管理等不同能力的咨询单位联合实施。由多家咨询单位联合实施的，应当明确牵头单位及各单位的权利、义务和责任。要充分发挥政府投资项目和国有企业投资项目的示范引领作用，引导一批有影响力、有示范作用的政府投资项目和国有企业投资项目带头推行工程建设全过程咨询。鼓励民间投资项目的建设单位根据项目规模和特点，本着信誉可靠、综合能力和效率优先的原则，依法选择优秀团队实施工程建设全过程咨询。

全过程咨询单位提供勘察、设计、监理或造价咨询服务时，应当具有与工程规模及委托内容相适应的资质条件。全过程咨询服务单位应当自行完成自有资质证书许可范围内的业务，在保证整个工程项目完整性的前提下，按照合同约定或经建设单位同意，可将自有资质证书许可范围外的咨询业务依法依规择优委托给具有相应资质或能力的单位，全过程咨询服务单位应对被委托单位的委托业务负总责。建设单位选择具有相应工程勘察、设计、监理或造价咨询资质的单位开展全过程咨询服务的，除法律法规另有规定外，可不再另行委托勘察、设计、监理或造价咨询单位。

工程建设全过程咨询项目负责人应当取得工程建设类注册执业资格且具有工程类、工程经济类高级职称，并具有类似工程经验。对于工程建设全过程咨询服务中承担工程勘察、设计、监理或造价咨询业务的负责人，应具有法律法规规定的相应执业资格。全过程咨询服务单位应根据项目管理需要配备具有相应执业能力的专业技术人员和管理人员。设计单位在民用建筑中实施全过程咨询的，要充分发挥建筑师的主导作用。

全过程工程咨询服务酬金可在项目投资中列支，也可根据所包含的具体服务事项，通过项目投资中列支的投资咨询、招标代理、勘察、设计、监理、造价、项目管理等费用进行支付。全过程工程咨询服务酬金在项目投资中列支的，所对应的单项咨询服务费用不再列支。投资者或建设单位应当根据工程项目的规模和复杂程度；咨询服务的范围、内容和期限等与咨询单位确定服务酬金。全过程工程咨询服务酬金可按各专项服务酬金叠加后再增加相应统筹管理费用计取，也可按人工成本加酬金方式计取。全过程工程咨询单位应努力提升服务能力和水平，通过为所咨询的工程建设或运行增值来体现其自身市场价值，禁止恶意低价竞争行为。鼓励投资者或建设单位根据咨询服务节约的投资额对咨询单位予以奖励。

第二节　全过程工程咨询实施与工程监理

一、全过程工程咨询实施

（一）合同签订

委托人可采用直接委托、竞争性谈判、竞争性磋商、邀请招标、公开招标等方式选择全过程工程咨询单位。公开招标是政府投资项目选择全过程工程咨询单位的主要方式，符合相关法律法规规定的，还可以采用邀请招标、竞争性谈判等方式选择全过程工程咨询单位。

（二）组织模式

全过程工程咨询合同签订后，咨询单位应按合同约定组建工程咨询项目机构，配备相关专业人员。全过程工程咨询业务以联合体方式承担的，应在联合体各方共同与委托方签订的全过程工程咨询合同中明确联合体牵头单位及联合体各方咨询项目负责人。

工程咨询方应委派一名专业人员担任全过程工程咨询项目负责人，实行项目负责人责任制，并在与委托方签订的全过程工程咨询合同中予以明确。

全过程工程咨询业务涉及勘察、设计、监理、造价咨询业务的，工程咨询方应分别委派具有相应职业资格和业务能力的专业人员担任勘察负责人、设计负责人、总监理工程师、造价咨询项目负责人。

全过程工程咨询项目负责人具备相应职业资格条件的，可同时担任该项目的勘察负责人、设计负责人、总监理工程师或造价咨询项目负责人，同时可兼任几个岗位的负责人，可以在合同中进行约定。

咨询单位可独立于委托方进行全过程工程咨询，也可将其专业咨询人员分别派入委托方相关职能部门共同形成一体化工作团队。咨询单位可根据项目投资决策及建设实施不同阶段咨询内容或专项咨询内容设立不同的咨询工作部门，委派咨询工作部门负责人。咨询工作部门的咨询业务涉及勘察、设计、监理、造价咨询业务的，相应咨询工作部门负责人应为勘察项目负责人、设计项目负责人、总监理工程师、造价咨询项目负责人。

（三）咨询工作策划

全过程工程咨询工作开始前，咨询单位应根据咨询合同约定及工程实际，对咨询工作进行总体策划，并形成工作成果，通常包括全过程工程咨询服务规划、管理制度及专业咨询服务实施细则等，由全过程工程咨询项目负责人组织编制。通过策划文件，明确全过程工程咨询工作流程，明晰工程咨询方内部及工程咨询方与委托方、其他利益相关方之间的管理接口关系。当实际情况或条件发生重大变化时，全过程工程咨询服务策划文件应按要求修改和完善，并重新履行审批手续。

1. 全过程工程咨询服务策划文件的编制依据

全过程工程咨询服务策划文件的编制，应依据下列文件：

（1）适用的法律、法规及相关标准等。

（2）建设项目前期资料及勘察、设计文件。

（3）全过程工程咨询服务合同及建设项目其他相关合同文件。

2. 全过程工程咨询服务策划文件的内容

全过程咨询服务策划文件，一般包括下列内容：

（1）建设项目概况。

（2）编制依据。

（3）全过程工程咨询服务范围。

（4）全过程工程咨询服务内容。

（5）全过程工程咨询服务目标。

（6）全过程工程咨询服务组织机构。

（7）全过程工程咨询管理制度。

（8）全过程工程咨询服务措施。

（9）全过程工程咨询服务设施。

二、全过程咨询中的监理工作

全过程工程咨询中通常都包括监理工作。在工程实施阶段，工程咨询方可根据全过程工程咨询合同从事工程监理或施工项目管理服务活动，也可根据合同约定从事工程监理与项目管理一体化服务活动。

在监理工作开展过程中，具体工作内容、工作要求等，与单独实施工程监理任务基本相同。依照现行的《水利工程施工监理规范》（SL 288—2014），遵循事前控制和主动控制原则，坚持预防为主的原则，制定和实施相应的监理措施，采用旁站、巡视和平行检验等方式对项目实施监理，并及时准确记录监理工作实施情况。只是在具体的工作程序上，根据全过程工程咨询服务的范围和内容不同，按照咨询合同的约定，与单独实施工程监理任务时存在差异。包含在全过程工程咨询中的各项监理工作，应由全过程咨询单位统一组织，在向委托人报送相关文件以及向承包人审批相关文件时，应履行全过程工程咨询单位审核、确认的内部工作流程。

第三节 工程总承包监理工作实施

一、工程总承包的概念

工程总承包（Engineering Procurement Construction，EPC），又称交钥匙工程总承包模式，是指从事工程总承包的企业（以下简称工程总承包企业）按照与建设单位签订的合同，对工程项目的勘察、设计、采购、施工等实行全过程的承包，并对工程的质量、安全、工期和造价等全面负责的承包方式。工程总承包一般采用设计-采购-施工总承包或者设计-施工总承包模式。建设单位也可以根据项目特点和实际需要，按照风险合理分担原则和承包工作内容采用其他工程总承包模式。

早在1984年，国务院《关于改革建筑业和基本建设管理体制若干问题的暂行规定》中就提出了建立工程总承包企业的设想，随着2004年建设部《建设工程项目管理试运行办法》的出台，进一步加快了培育工程总承包企业和工程项目管理公司的进程。

2016年5月，住房城乡建设部印发《关于进一步推进工程总承包发展的若干意见》，要求开展工程总承包试点，并明确了联合体投标、资质准入、工程总承包商承担的责任等问题。

2017年2月，国务院办公厅印发《关于促进建筑业持续健康发展的意见》，要求加快推行工程总承包，并指出我国建筑行业发展组织方式落后，提出采用推行工程总承包和培育全过程咨询的方式来解决上述问题。

2017年，《建设项目工程总承包管理规范》（GB/T 50358—2017）发布，对总承包相关的承发包管理、合同和结算、参建单位的责任和义务等方面作出了具体规定，随后又相继出台了针对总承包施工许可、工程造价等方面的政策法规。

2018年1月1日，《建设项目工程总承包管理规范》（GB/T 50358—2017）开始实施。

2019年12月，住房城乡建设部、国家发展改革委联合印发《房屋建筑和市政基础设施项目工程总承包管理办法》，2020年3月1日起正式施行。

建设单位应当在发包前完成项目审批、核准或者备案程序。采用工程总承包方式的企业投资项目，应当在核准或者备案后进行工程总承包项目发包。采用工程总承包方式的政府投资项目，原则上应当在初步设计审批完成后进行工程总承包项目发包；其中，按照国家有关规定简化报批文件和审批程序的政府投资项目，应当在完成相应的投资决策审批后进行工程总承包项目发包。

二、工程总承包的特点

工程总承包是国际通行的建设项目组织实施方式。大力推进工程总承包，有利于提升项目可行性研究和初步设计深度，实现设计、采购、施工等各阶段工作的深度融合，提高工程建设水平；有利于发挥工程总承包企业的技术和管理优势，促进企业做优做强，推动产业转型升级。工程总承包具有以下特点：

（1）有利于压缩建设工期。采用工程总承包模式，工程设计、采购及施工任务均由总承包单位负责，可使工程设计、采购与施工之间的衔接得到极大改善。有些施工和采购准备工作可与设计工作同时进行或搭接进行，从而缩短建设工期。

（2）便于较早确定工程造价。采用工程总承包模式，建设单位与总承包单位之间通常签订总价合同。总承包单位负责工程总体控制，有利于减少工程设计变更，将工程造价控制在预算范围内，减小建设单位工程造价失控风险。

（3）有利于控制工程质量。在工程总承包模式下，总承包单位通常会将部分专业工程分包给其他承包单位。由于总承包单位与分包单位之间通过分包合同建立了责、权、利关系，这样就会在承包单位内部增加工程质量监控环节，使工程质量既有分包单位的自控，又有总承包单位的监督管理。

（4）工程项目责任主体单一。由总承包单位负责工程设计和施工，可减少工程实施中的争议和索赔发生。工程设计与施工责任主体合一，能够激励总承包单位更加注重提高工程项目整体质量和效益。

（5）可减轻建设单位合同管理负担。采用工程总承包模式，与建设单位直接签订合同的参建方减少，合同结构简单，可大量减少建设单位协调工作量，合同管理工作量也大大减少。

三、工程总承包监理组织模式

对于工程总承包项目，建设单位可以委托一家监理单位，也可以将设计、施工分别委托给两家监理单位承担监理任务。

由一家监理单位承担监理任务的，监理单位应在施工监理的基础上，增加勘察、设计及设备等相关专业人员，以满足监理工作的需要。属于强制监理项目的，应履行法定的监理相关职责。

四、工程总承包监理工作的实施

工程总承包模式下的监理，由于工作范围发生了变化，对工作内容也提出了新的更高要求。由一家监理单位承担监理任务的工程总承包项目，在实施监理过程中，除施工监理工作仍执行行业有关规定及标准的要求外，在勘察设计方面应开展以下工作。

（一）设计文件的监理

设计文件是工程总承包工作的主要依据。同时，设计工作对项目的进度控制、质量控制和费用控制起着决定性的作用。根据工程总承包合同约定，通过监理工程师报发包人审查同意的承包人文件，应要求承包人按照合同约定的范围和内容及时报送审查。审查结论经发包人确认后，应在合同约定的期限内通知承包人。监理工程师审查勘察设计文件时，除按合同约定及技术标准（包括强制性标准）审查文件外，还应重点按合同约定及批复的工程建设文件，如批复的初步设计（自初步设计阶段开始的工程总承包），对照检查是否存在设计变更的情形，这也是工程总承包模式下监理工程师应着重开展的工作，主要目的是防止承包人在设计文件中，擅自变更工程范围、工程规模及工程建设标准。

(二) 采购监理

监理工程师应根据合同约定，审查承包人提交的采购计划，内容包括采购设备的数量、规格型号、质量标准、供应商资格等。根据施工进度计划安排，监督检查设备制造进度，督促承包人组织开展出厂、到货等关键环节的验收工作。

(三) 进度控制

对于工程总承包的项目，监理单位对于承包人的进度控制较传统施工总承包的模式，除常规进度控制内容外，还应重点监督检查承包人对设计、采购、施工和试运行之间的接口关系是否合理，以保证工程总体的进度。

1. 设计与采购的接口关系

具体包括：

(1) 设计提出的设备需求。

(2) 采购向设计提交订货的关键设备资料。

(3) 设计对制造商图纸的审查、确认。

(4) 设计变更对采购进度的影响。

2. 设计与施工的接口关系

具体包括：

(1) 设计的可施工性。

(2) 设计文件的交付。

(3) 设计交底和图纸会审。

(4) 设计变更对施工进度的影响。

3. 设计与试运行的接口关系

具体包括：

(1) 试运行对设计提出试运行的要求。

(2) 设计提交试运行操作原则和要求。

(3) 设计对试运行的指导与服务，以及在试运行过程中发现有关设计问题的处理对试运行进度的影响。

4. 采购与施工的接口关系

具体包括：

(1) 设备、材料供应计划与施工计划的衔接。

(2) 施工过程中，设备、材料质量问题的处理与施工进度的影响。

(3) 采购变更对施工进度的影响。

5. 采购与试运行的接口关系

具体包括：

(1) 试运行所需材料及备件准备情况。

(2) 试运行过程中发现的与设备材料质量有关问题的处理对试运行进度的影响。

6. 施工与试运行的接口关系

具体包括：

(1) 施工执行计划与试运行执行的协调性。

(2) 试运行过程中发现的施工问题处理对进度的影响。

(四) 质量控制

较传统施工总承包模式的监理质量控制，除常规质量控制工作外，工程总承包模式下的监理质量控制任务范围包括了设计、采购、施工、试运行等阶段的内容。

1. 设计阶段质量控制要点

具体包括：

(1) 设计成果是否符合项目的批复文件。

(2) 设计是否符合合同约定的内容。

(3) 是否按照工程建设强制性标准进行勘察、设计。

(4) 设计单位在设计文件中选用的建筑材料、建筑构配件和设备，应当注明规格、型号、性能等技术指标，其质量要求是否符合国家规定的标准及合同约定。

2. 设计与采购的接口关系

具体包括：

(1) 设计提供的采购设备质量要求文件。

(2) 对所采购设备技术参数的评审及确认。

(3) 对供应商图纸的审查、确认。

3. 设计与施工的接口关系

具体包括：

(1) 施工所提要求与设计可施工性分析的协调一致性。

(2) 设计交底及图纸会审的组织与成效。

(3) 现场提出的设计问题的处理对施工质量的影响。

(4) 设计变更对施工质量的影响。

4. 设计与试运行的接口关系

具体包括：

(1) 设计满足试运行的要求。

(2) 试运行操作原则与要求的质量。

(3) 设计对试运行的指导与服务的质量。

5. 采购与施工的接口关系

具体包括：

(1) 设备材料供应进度及质量对施工质量的影响。

(2) 现场开箱检验的组织与成效。

(3) 设备、材料质量问题的处理与对施工质量的影响。

6. 采购与试运行的接口关系

具体包括：

(1) 试运行所需材料及备件的质量确认。

(2) 试运行过程中设备材料质量问题的处理对试运行结果的影响。

7. 施工与试运行的接口关系

具体包括：

(1) 施工计划执行与试运行计划执行的协调一致性。

(2) 机械设备的试运转及缺陷修复的质量。

(3) 试运行过程中出现的施工问题的处理对试运行结果的影响。

（五）费用控制

工程总承包的合同形式包括固定总价、单价、成本加酬金等，目前国内的工程总承包通常采用固定总价的形式。工程总承包模式下，工程的设计工作通常由承包人自行完成，并据此组织施工。通常在固定总价形式的总承包合同中对费用风险分担情况进行约定。在工程实施过程中，监理对费用的控制重点包括以下内容。

1. 对费用风险的控制

具体包括：

(1) 项目法人提出的工期、建设标准或者工程规模的调整。

(2) 因工程征地、移民等发生重大变化引起的调整。

(3) 因国家法律法规政策变化引起的合同价格的变化。

(4) 主要工程材料、设备、人工价格与招标时基期价相比，波动幅度超过合同约定幅度的部分。

(5) 不可预见的地质条件造成的工程费用和工期的变化（因工程总承包单位施工组织、措施不当等造成的损失和处置费，由工程总承包单位承担）。

2. 对设计变更的控制

设计变更按照《水利部关于印发〈水利工程设计变更管理暂行办法〉的通知》（水规计〔2020〕283号）的有关规定办理相关手续。设计变更应符合国家有关法律、法规和技术标准的要求，严格执行工程建设强制性标准，符合工程建设质量、安全和功能的要求。设计变更引起的工程投资和工期变化，按照合同约定处理。

（六）安全监理工作

较传统施工总承包模式的安全监理，除常规安全监理工作外，工程总承包模式下的安全监理工作应贯穿于设计、采购施工和试运行各阶段。其中设计阶段的安全监理工作应包括以下内容：

(1) 是否按照法律、法规和工程建设强制性标准、合同约定进行勘察，提供的勘察文件是否真实、准确，满足建设工程安全生产的需要。

(2) 是否考虑施工安全操作和防护的需要，对涉及施工安全的重点部位和环节在设计文件中注明，并对防范生产安全事故提出指导意见。

(3) 采用新结构、新材料、新工艺的建设工程和特殊结构的建设工程，设计单位应当在设计中提出保障施工作业人员安全和预防生产安全事故的措施建议。

(4) 涉及消防、安全等专项设计，提醒发包人按规定履行审查手续。

思 考 题

8-1 简述全过程工程咨询的基本概念。
8-2 简述全过程工程咨询服务范围和内容。
8-3 简述全过程工程咨询服务的组织模式。
8-4 简述工程总承包的基本概念。
8-5 简述工程总承包的监理组织模式。
8-6 简述工程总承包的监理质量控制要点。

第九章 国际工程组织模式与咨询

第一节 国际工程组织模式

随着我国持续扩大改革开放，工程建设领域逐步与国际接轨，不断吸收引进国际先进的工程组织模式。这里重点介绍 CM 模式、PM 模式、PC 模式以及 Partnering 模式。

一、CM 模式

（一）CM 模式的基本概念

CM（Construction Management）模式是在采用快速路径法时，从建设工程的开始阶段就雇用具有施工经验的 CM 单位（或 CM 经理）参与到建设工程实施过程中来，以便为设计人员提供施工方面的建议且随后负责管理施工过程。其目的是将建设工程实施作为一个完整过程，同时考虑设计和施工因素，力求使工程建设在尽可能短的时间内以尽可能低的费用和满足要求的质量建成并投入使用。

CM 模式是美国汤姆森（Charles B. Thomson）等人于 1968 年在研究关于如何加快设计和施工进度及改进管理控制方法时，提出的快速路径施工管理方法。这种方法的指导思想是将设计工作分为若干阶段（如基础工程、上部结构工程、装修工程、安装工程）完成，每一阶段设计工作完成后，就组织相应工程内容的施工招标，确定施工单位后即开始相应工程内容的施工。它改变了传统的设计结束后进行施工招标，再进行施工的模式，采取设计一部分、招标一部分、施工一部分的方法，即设计与施工充分搭接。这是 CM 模式最主要的特点。

Construction Management 的中文直译为"施工管理"或"建设管理"，这两个概念在我国已有明确的内涵，而 CM 模式的内涵要比"施工管理"或"建设管理"丰富。事实上，即使在 CM 的发源地美国，对 CM 模式也没有一个统一的、准确的定义。因此，目前习惯上仍采用 CM 模式这一提法。

美国建筑师学会（AIA）和美国总承包商联合会（AGC）于 20 世纪 90 年代初共同制定了 CM 标准合同条件，但国际咨询工程师联合会（FIDIC）至今尚没有 CM 标准合同条件。

（二）CM 模式种类

CM 模式分为代理型和非代理型两种。

1. 代理型 CM 模式（CM/Agency）

CM 单位是业主的咨询单位，业主与 CM 单位签订咨询服务合同，CM 合同价就是 CM 费，其表现形式可以是百分率（以今后陆续确定的工程费用总额为基数）或固定数额的费用；业主分别与多个施工单位签订所有的工程施工合同。代理型 CM 模式中的 CM 单位通常是具有较丰富的施工经验的专业 CM 单位或咨询单位。

CM/Agency 模式具有以下特点：

（1）业主与 CM 单位签订 CM 合同，而与大部分分包商或供货商之间无直接的合同关系（除业主自行采购和自行分包之外）。因此对业主来说，合同关系简单，对各分包商和供货商的组织协调工作量较小。

（2）CM 单位与各分包商签订分包合同，与供货商签订供货合同。对 CM 单位来说，与分包商或供货商签约，一方面增加了 CM 单位对分包商或供货商的管理强度；另一方面也增加了 CM 单位的工作量，同时也加大了 CM 单位的管理责任风险。

（3）CM 单位介入项目时间较早，CM 合同不需要等施工图完成后才签订。

（4）CM 合同形式一般采用"成本＋利润"方式。

（5）CM 单位对各分包商的资格预审、招标、议标以及签约，都必须经过业主的确认才有效。

（6）CM 单位与设计单位之间没有合同关系。

（7）CM/Agency 模式下，业主直接与各分包商或供货商签订合同，与 CM/Non-Agency 相比，对业主来说，它所签合同数量明显增加，因此业主合同管理的工作量以及组织协调工作量将大大增加。

（8）CM/Agency 模式下，CM 单位与各分包商或供货商之间没有合同关系，因此 CM 单位所承担的风险比非代理型减少，而业主承担的风险较大。

（9）CM/Agency 模式下，CM 单位的身份是进行实质性施工管理，不直接从事施工活动。

2. 非代理型 CM 模式（CM/Non-Agency）

业主一般不与施工单位签订工程施工合同，但也可能在某些情况下对某些专业性很强的工程内容和工程专用材料、设备，业主与少数施工单位和材料、设备供应单位签订合同。业主与 CM 单位所签订的合同既包括 CM 服务的内容，也包括工程施工承包的内容；而 CM 单位则与施工单位和材料、设备供应单位签订合同。

虽然 CM 单位与各个分包商直接签订合同，但 CM 单位对各分包商的资格预审、招标、议标和签约都对业主公开并必须经过业主的确认才有效。另外，由于 CM 单位介入工程时间较早（一般在设计阶段介入）且不承担设计任务，所以 CM 单位并不向业主直接报出具体数额的价格，而是报 CM 费，至于工程本身的费用则是 CM 单位与各分包商、供应商的合同价之和。

在采用非代理型 CM 模式时，业主对工程费用不能直接控制。为促使 CM 单位加强费用控制工作，业主往往要求在 CM 合同中预先确定一个具体数额的保证最大价格（Guaranteed Maximum Price，GMP，包括总的工程费用和 CM 费）。而且合同条款中通常规定，如果实际工程费用加 CM 费超过了 GMP，超出部分由 CM 单位承担；反之，节余部分归业主。确定一个合理的 GMP，取决于 CM 单位的水平、经验和设计所达到的深度。

（三）CM 模式的特征

CM 模式的特征体现在以下几个方面：

(1) 采用"快速路径法"的生产组织方式。

(2) 新型的管理角色。由于管理工作相对复杂,要求业主委托一家单位来担任这一新的管理角色。

(3) 有利于设计优化。

(4) 减少设计变更。由于设计与施工的早期结合,设计在施工上的可行性在设计尚未完全结束时已逐步明朗,因此在很大程度上减少了设计变更。

(5) 有利于合同价格的确定。施工招标由一次性工作被分解成若干次进行,施工合同价也由传统的一次确定变为若干次确定。

(6) "成本+利润"的取费方式。由于CM单位与业主签约时设计尚未结束,因此CM合同价通常既不采用单价合同,也不采用总价合同,而采用"成本+利润"方式,即CM单位向业主收取其工作成本,再加上一定利润。

(四) CM模式的适用范围

CM模式特别适用于以下类型的工程项目:

(1) 设计变更可能性较大的建设工程。传统的工程建设,如果工程的相关技术不成熟,在全部设计完成后再进行施工招标,在施工过程中会导致大量的变更,从而导致工期延误和工程造价增加。而采用CM模式,可以有效避免此类问题的发生。

(2) 建设周期长、工期要求紧,不能等到设计全部完成后再招标的工程。此类型工程可有效缩短重磅工程建设周期,使工程尽早发挥效益。

(3) 工程范围和规模不确定,无法准确确定造价的工程。受技术因素、工期因素等制约,某些工程在前期决策相关工作不能及时确定的情况下开工建设,采取常规的建设模式将不能正常实施或面临投资失控的风险。如果采取CM模式,可在一定程度上规避风险。

上述适用范围中,无论哪种情形,最终决定CM模式效果的都是CM承包单位的管理水平和能力。因此,选择高质量的CM承包人,是CM模式的关键和前提条件。

二、PM模式和PC模式

(一) 基本概念

1. 项目管理(Project Management,PM)服务模式

项目管理服务是指从事工程项目管理的企业受业主委托,按照合同约定,代表业主对工程项目的组织实施进行全过程或若干阶段或部分内容的管理和服务。

项目管理企业按照合同约定,在工程项目决策阶段,可为业主编制可行性研究报告,进行可行性分析和项目策划;在工程项目的准备和实施阶段,可为业主提供招标代理、设计管理、采购管理、工程监理、施工管理和试运行(竣工验收)等服务,代表业主对工程项目进行质量、安全、进度、费用、合同、信息等管理和控制。项目管理企业不直接与该工程项目的总承包企业或勘察、设计、供货、施工等企业签订合同。项目管理企业一般应按照合同约定承担相应的管理责任。

该模式由项目管理企业按合同约定管理内容代替业主进行管理与协调,即代行发包人(业主)的管理职责。一般情况下,从项目建设一开始就对项目全过程进行管理,可以充

分发挥项目管理企业的专业经验和优势，做到专业的人做专业的事，且管理思路前后统一，确保项目目标的一致性和有效持续；当业主同时开发多个项目时，可以避免本单位项目管理人员经验不足的缺陷，有效避免失误和损失；业主方可以比较方便地提出必要的设计和施工方面的变更，通过专业的项目管理人员与设计单位沟通，可提高沟通效率和质量。但该模式也会出现一些问题，例如，对于没有合约管理经验的业主在签署合同时，往往对项目管理企业的职责不易明确，管理过程中出现问题难以追究责任。因此，目前项目管理服务模式主要用于大型项目或复杂项目，特别适用于业主管理能力不强的项目。

2. 项目总控制（Project Controlling，PC）模式

PC模式即项目总控制，于20世纪90年代中期在德国首次出现并形成相应理论，是适应大型建设工程业主高层管理人员决策需要而产生的。PC模式反映了工程项目管理专业化发展的一种新趋势，即专业分工的细化，可分为单平面和多平面两种类型。项目总控组织为业主方的高层决策者处理与过滤大量的信息流再提供战略性、宏观性和总体性的建议，为业主方领导的决策提供很好的技术支持，从而解决工程投资、进度、质量等方面的问题。

（二）Project Controlling 模式的类型

1. 单平面 Project Controlling 模式

当业主方只有一个管理平面时（指独立的功能齐全的管理机构），一般只设置一个 Project Controlling 机构，称为单平面 Project Controlling 模式。

单平面 Project Controlling 模式的组织关系简单，Project Controlling 方的任务明确，仅向项目总负责人（泛指与项目总负责人所管理机构）提供决策支持服务。为此，Project Controlling 方首先要协调和确定项目的信息组织，其次确定项目总负责人的需求；在项目实施过程中，收集、分析和处理信息，并把信息处理结果提供给项目总负责人，以使其掌握项目总体进展情况和趋势，并作出正确的决策。

2. 多平面 Project Controlling 模式

当项目规模大到业主必须设置多个管理平面时，Project Controlling 方可以设置多个平面与之对应，这就是多平面 Project Controlling 模式。多平面 Project Controlling 模式的组织关系较为复杂，Project Controlling 方的组织需要采用集中控制和分散控制相结合的形式，即针对业主项目总负责人（或总管理平面）设置总 Project Controlling 机构，同时针对业主各子项目负责人（或子项目管理平面）设置相应的分 Project Controlling 机构。这表明，Project Controlling 方的组织结构与业主项目管理的组织结构有明显的一致性和对应关系。在多平面 Project Controlling 模式中，总 Project Controlling 机构对外服务于业主项目总负责人，对内则确定整个项目的信息规则，指导、规范并检查分 Project Controlling 机构的工作，同时还承担了信息集中的角色。而分 Project Controlling 机构则服务于业主各子项目负责人，且必须按照总 Project Controlling 机构所确定的信息规则进行信息处理。

（三）Project Controlling 与工程项目管理服务（PM）的对比

Project Controlling 与工程项目管理服务具有一些相同点，主要表现在：一是工作属

性相同,即都属于工程咨询服务;二是控制目标相同,即都是控制建设工程质量、造价、进度三大目标;三是控制原理相同,即都是采用动态控制、主动控制与被动控制相结合并尽可能采用主动控制。

Project Controlling 与工程项目管理服务的不同之处主要表现在以下几方面:

(1) 两者地位不同。工程项目管理咨询单位是在业主或业主代表的直接领导下,具体负责工程项目建设过程的管理工作,业主或业主代表可在合同约定的范围内向工程项目管理咨询单位在该项目上的具体工作人员下达指令;而 Project Controlling 咨询单位直接向业主的决策层负责,相当于业主决策层的智囊,为其提供决策支持,业主向 Project Controlling 咨询单位在该项目上的具体工作人员下达指令。

(2) 两者服务阶段不尽相同。工程项目管理咨询单位不仅可以为业主提供施工阶段的服务,也可以为业主提供实施阶段全过程乃至工程建设全过程的服务,其中以实施阶段全过程服务在国际上最为普遍;而 Project Controlling 咨询单位一般不为业主仅仅提供施工阶段的服务,而是为业主提供实施阶段全过程和工程建设全过程的服务,甚至可能提供项目策划阶段的服务。

(3) 两者工作内容不同。工程项目管理咨询单位围绕建设工程目标控制有许多具体工作,例如,设计和施工文件的审查,分部分项工程乃至工序的质量检查和验收,各施工单位施工进度的协调,工程结算和索赔报告的审查与签署等;而 Project Controlling 咨询单位不参与建设工程具体的实施过程和管理工作,其核心工作是信息处理,即收集信息、分析信息、出具有关的书面报告。可以说,工程项目管理咨询单位侧重于负责组织和管理建设工程物质流的活动,而 Project Controlling 咨询单位只负责组织和管理建设工程信息流的活动。

(4) 两者权力不同。由于工程项目管理咨询单位具体负责工程建设过程的管理工作,直接面对设计单位、施工单位以及材料和设备供应单位,因而对这些单位具有相应的权力,如下达开工令、暂停施工令、工程变更令等指令权,对已实施工程的验收权,对工程结算和索赔报告的审核与签署权,对分包商的审批权等;而 Project Controlling 咨询单位不直接面对这些单位,对这些单位没有任何指令权和其他管理方面的权力。

(四) 应用 Project Controlling 模式需注意的问题

应用 Project Controlling 模式时需注意以下问题:

(1) Project Controlling 模式一般适用于大型和特大型建设工程。因为在这些工程中,即使委托多个工程项目管理咨询单位分别进行全过程、全方位的项目管理,业主仍然有数量众多、内容复杂的项目管理工作,往往涉及重大问题的决策,业主自己没有把握做出正确决策,而一般的工程项目管理咨询单位也不能提供这方面服务,因而业主迫切需要高水平的 Project Controlling 咨询单位为其提供决策支持服务。而对于中小型建设工程来说,常规工程项目管理服务已能够满足业主需求,不必采用 Project Controlling 模式。

(2) Project Controlling 模式不能作为一种独立存在的模式。在这一点上,Project Controlling 模式与 Partnering 模式有共同之处。但是,Project Controlling 模式与 Partnering 模式仍有明显的区别。由于 Project Controlling 模式一般适用于大型和特大型建设工程，而在这些建设工程中往往同时采用多种不同的组织管理模式，这表明 Project Controlling 模式往往与建设工程组织管理模式中的多种模式同时并存，且对其他模式没有任何"选择性"和"排他性"。另外，采用 Project Controlling 模式时，仅在业主与 Project Controlling 咨询单位之间签订有关协议，该协议不涉及建设工程其他参与方。

(3) Project Controlling 模式不能取代工程项目管理服务。Project Controlling 与工程项目管理服务都是业主所需要的，在同一个建设工程中，两者是同时并存的。实际上，应用 Project Controlling 模式能否取得预期效果，在很大程度上取决于业主是否得到高水平的工程项目管理服务。在特定建设工程中，工程项目管理咨询单位的水平越高，业主自己承担项目管理的工作就越少，面对的决策压力就越小，从而使 Project Controlling 咨询单位的工作较为简单，效果就越好。

(4) Project Controlling 咨询单位需要工程参建各方的配合。Project Controlling 咨询单位的工作与工程参建各方有非常密切的联系。信息是 Project Controlling 咨询单位的工作对象和基础，而建设工程的各种有关信息都来源于工程参建各方；另外，为了能向业主决策层提供有效的、高水平的决策支持，必须保证信息的及时性、准确性和全面性。由此可见，如果没有工程参建各方的积极配合，Project Controlling 模式就难以取得预期效果。需要特别强调的是，在这两点上，所谓工程参建各方也包括工程项目管理咨询单位或工程监理单位。而且，由于工程项目管理咨询单位直接面对工程其他参建方，因而其与 Project Controlling 咨询单位的配合显得尤为重要。

三、Partnering 模式

(一) 基本概念

Partnering 模式即合伙（Partnering）模式，是在充分考虑建设各方利益的基础上确定建设工程共同目标的一种管理模式，它一般要求业主与参建各方在相互信任、资源共享的基础上达成一种短期或长期的协议，通过建立工作小组相互合作，及时沟通以避免争议和诉讼的产生，共同解决建设工程实施过程中出现的问题，共同分担工程风险和有关费用，以保证参与各方目标和利益的实现。

Partnering 模式被认为是一种在业主、承包方、设计方、供应商等各参与者之间为了达到彼此目标、满足长期的需要、实现未来的竞争优势的一种合作战略。

Partnering 模式于 20 世纪 80 年代中期在美国出现。1984 年，壳牌石油公司与 SIP 工程公司签订了被美国建筑业协会认可的第一个真正的伙伴协议；1988 年，美国陆军工程公司开始采用 Partnering 模式并应用得非常成功；1992 年，美国陆军工程公司规定在其所有新的建设工程上都采用 Partnering 模式，从而大大促进了 Partnering 模式的发展。到 20 世纪 90 年代中后期，Partnering 模式的应用已逐渐扩大到英国、澳大利亚、新加坡、中国香港等国家和地区，越来越受到建筑工程界的重视。

(二) 主要特征

1. 出于自愿

Partnering 协议并不仅仅是建设单位与承包单位双方之间的协议，而需要工程项目参建各方共同签署，包括建设单位、总承包单位、主要的分包单位、设计单位、咨询单位、主要的材料设备供应单位等。参与 Partnering 模式的有关各方必须是完全自愿，而非出于任何原因的强迫。Partnering 模式的参与各方要充分认识到，这种模式的出发点是实现建设工程的共同目标以使参与各方都能获益。只有在认识上达到统一，才能在行为上采取合作和信任的态度，才能愿意共同承担风险和有关费用，共同解决问题和争议。

2. 高层管理者参与

Partnering 模式的实施需要突破传统的观念和组织界限，因而工程项目参建各方高层管理者参与以及在高层管理者之间达成共识，对于该模式的顺利实施是非常重要的。由于 Partnering 模式需要参与各方共同组成工作小组，要分担风险、共享资源，因此，高层管理者的认同、支持和决策是关键因素。

3. Partnering 协议不是法律意义上的合同

Partnering 协议与工程合同是两个完全不同的文件。在工程合同签订后，工程参建各方经过讨论协商后才会签署 Partnering 协议。该协议并不改变参与各方在有关合同中规定的权利和义务。Partnering 协议主要用来确定参建各方在工程建设过程中的共同目标、任务分工和行为规范，是工作小组的纲领性文件。当然，该协议的内容也不是一成不变的，当有新的参与者加入时，或某些参与者对协议的某些内容有意见时，都可以召开会议经过讨论对协议内容进行修改。

4. 信息开放性

Partnering 模式强调资源共享。信息作为一种重要的资源，对于参与各方必须公开。同时，参与各方要保持及时、经常和开诚布公的沟通，在相互信任的基础上，要保证工程质量、造价、进度等方面的信息能为参与各方及时、便利地获取。这不仅能保证建设工程目标得到有效控制，而且能减少许多重复性工作，降低成本。

(三) Partnering 模式与传统建设的对比

1. 目标

传统建设方式的目标是投资、进度、质量三大控制，而且作为业主方项目管理，考虑的重点也是业主自身的利益，这往往容易造成业主与承包商之间紧张甚至敌对的气氛。而 Partnering 模式也强调目标控制是将项目参与各方的目标作为一个整体来考虑，在项目实施时充分考虑项目参与各方的利益，在项目实践中容易产生一种双赢的结果。Partnering 模式的目标是参与各方共同的目标，包括质量、进度、投资和安全等，除了传统的项目目标控制手段外，还有项目参与各方共同制定和实施的目标评价系统，用来对项目实施中的目标进行动态的控制。

2. 业主与承包商合作方式

传统建设方式往往是业主与承包商在单个项目上的合作，而 Partnering 模式着眼于长期的合作。在长期合作中容易形成知识和经验的积累，增进彼此了解，从而为项目参与各方带来利益。

3. 冲突的解决方式

传统建设方式重视对合同的管理，对合同的重视既有利也有弊，它可以确保彼此的权利和义务，但也容易在产生冲突时出于自身利益在合同条款上做文章，从而不容易找到一种妥善的解决冲突的方案。而 Partnering 模式除了正式的合同之外，参与各方彼此之间还要签订一份非合同式的协议，在协议中有专门的争议处理系统，因而可以大大地减少争议和诉讼的发生。

4. 对利益的分享

传统建设方式往往在合同中根据项目实施的好坏制定奖惩措施，而 Partnering 模式则通过项目参与各方对共同目标的积极努力，产生的项目利益在实施的工程中被参与各方自然分享，如进度提前、投资和造价节省，对业主和承包商都会自然地带来利益；工程质量提高不仅对业主有利，同时也会提高承包商的信誉，对其长远发展十分有利。

5. 业主对承包商的选择

在传统建设方式中，业主对承包商的信任是建立在对其能力的判断上，业主在选择承包商时要对其资源、承建项目的经历及信誉进行考察，然后通过招投标择优选取。而 Partnering 模式中业主和承包商之间在长期的合作中往往已经有了充分的了解，彼此相互信任，业主选择承包商可以节省大量的交易成本，对双方都有益处。

(四) Partnering 模式组成元素

成功运作 Partnering 模式所不可缺少的元素包括以下几个方面。

1. 长期协议

通过与业主达成长期协议、进行长期合作，承包单位能够更加准确地了解业主需求，同时能保证承包单位不断地获取工程任务，从而使承包单位将主要精力放在工程项目的具体实施上，充分发挥其积极性和创造性。这样既有利于对工程项目质量、造价、进度的控制，同时也降低了承包单位的经营成本。对业主而言，一般只有通过与某一承包单位的成功合作，才会与其达成长期协议，这样不仅使业主避免了在选择承包单位方面的风险，而且可以大大降低"交易成本"，缩短建设周期，取得更好的投资效益。

2. 共享

工程参建各方共享有形资源（如人力、机械设备等）和无形资源（如信息、知识等），共享工程项目实施所产生的有形效益（如费用降低、质量提高等）和无形效益（如避免争议和诉讼的产生、工作积极性提高、承包单位社会信誉提高等）；同时，工程项目参建各方共同分担工程的风险和采用 Partnering 模式所产生的相应费用。

在 Partnering 模式中，信息应在工程参建各方之间及时、准确而有效地传递、转换，才能保证及时处理和解决已经出现的争议和问题，提高整个建设工程组织的工作效率。为此，需将传统的信息传递模式转变为基于电子信息网络的现代传递模式。

3. 信任

相互信任是确定工程项目参建各方共同目标和建立良好合作关系的前提，是 Partnering 模式的基础和关键。只有对工程参建各方的目标和风险进行分析和沟通，并建立良好的关系，彼此间才能更好地理解；只有相互理解，才能产生信任。而只有相互信任，才能产生整体性效果。Partnering 模式所达成的长期协议本身就是相互信任的结果，其中每一方的承诺都是基于对其他参建方的信任。只有相互信任，才能将建设工程其他承包模式中常见的参建各方之间相互对立的关系转化为相互合作关系，才能够实现参建各方的资源和效益共享。

4. 共同目标

在一个确定的建设工程中，参建各方都有其各自不同的目标和利益，在某些方面甚至还有矛盾和冲突。尽管如此，工程参建各方之间还是有许多共同利益的。例如，通过工程设计单位、施工单位、业主三方的配合，可以降低工程风险，对参建各方均有利；还可以提高工程的使用功能和使用价值，这样不仅提高了业主的投资效益，而且提高了设计单位和施工单位的社会声誉。因此，采用 Partnering 模式要使工程参建各方充分认识到，只有建设工程实施结果本身是成功的，才能实现他们各自的目标和利益，从而取得双赢或多赢的结果。为此，就需要通过分析、讨论、协调、沟通，针对特定建设工程确定参与各方共同的目标，在充分考虑参与各方利益的基础上努力实现这些共同的目标。

5. 合作

工程参建各方要有合作精神，并在相互之间建立良好的合作关系。但这只是基本原则，要做到这一点，还需要有组织保证。Partnering 模式需要突破传统的组织界限，建立一个由工程参建各方人员共同组成的工作小组。同时，主要明确各方的职责，建立相互之间的信息流程和指令关系，并建立一套规范的操作程序。该工作小组围绕共同的目标展开工作，在工作过程中鼓励创新、合作的精神，对所遇到的问题要以合作的态度公开交流，协商解决，力求寻找一个使工程参建各方均满意或均能接受的解决方案。工程参建各方之间这种良好的合作关系创造出和谐、愉快的工作氛围，不仅可以大大减少争议和矛盾的产生，而且可以及时做出决策，大大提高工作效率，有利于共同目标的实现。

（五）Partnering 模式适用情况

Partnering 模式总是与建设工程组织管理模式中的某一种模式结合使用，较为常见的情况是与总分包模式、工程总承包模式、CM 模式结合使用。这表明，Partnering 模式并不能作为一种独立存在的模式。从 Partnering 模式的实践情况看，并不存在什么适用范围的限制。但是，Partnering 模式的特点决定了其特别适用于以下几类建设工程。

1. 业主长期有投资活动的建设工程

业主长期有投资活动的建设工程如大型房地产开发项目、商业连锁建设工程、代表政府进行基础设施建设投资的业主的建设工程等。由于长期有连续的建设工程作保证，业主与承包单位等工程参建各方的长期合作就有了基础，有利于增加业主与工程参建各方之间的了解和信任，从而可以签订长期的 Partnering 协议，取得比在单个建设工程中运用 Partnering 模式更好的效果。

2. 不宜采用公开招标或邀请招标的建设工程

不宜采用公开招标或邀请招标的建设工程如军事工程、涉及国家安全或机密的工程、工期特别紧迫的工程等。在这些建设工程中，相对而言，投资一般不是主要目标，业主与承包单位较易形成共同的目标和良好的合作关系。而且，虽然没有连续的建设工程，但良好的合作关系可以保持下去，在今后新的建设工程中仍然可以再度合作。这表明，即使对于短期内一个确定的建设工程，也可以签订具有长期效力的协议（包括在新的建设工程中套用原来的 Partnering 协议）。

3. 复杂的不确定因素较多的建设工程

如果建设工程的组成、技术、参建单位复杂，尤其是技术复杂、施工的不确定因素多，在采用一般模式时，往往会产生较多的合同争议和索赔，容易导致业主与承包单位产生对立情绪，使得相互之间的关系紧张，从而影响整个建设工程目标的实现，其结果可能是两败俱伤。在这类建设工程中采用 Partnering 模式，可以充分发挥其优点，协调工程参建各方之间的关系，有效避免和减少合同争议，避免仲裁或诉讼，较好地解决索赔问题，从而更好地实现工程参建各方共同的目标。

4. 国际金融组织贷款的建设工程

按贷款机构的要求，这类建设工程一般应采用国际公开招标（或称国际竞争性招标），因常常有外国承包商参与，合同争议和索赔经常发生而且数额较大。另外，一些国际著名的承包商往往有 Partnering 模式的实践经验，至少对这种模式有所了解。因此，在这类建设工程中采用 Partnering 模式，容易为外国承包商所接受并较为顺利地运作，从而可以有效地防范和处理合同争议和索赔，避免仲裁或诉讼，较好地控制建设工程目标。当然，在这类建设工程中，一般是针对特定建设工程签订 Partnering 协议，而不是签订长期的 Partnering 协议。

第二节 咨 询 工 程 师

一、咨询工程师的概念

咨询工程师是以从事工程咨询业务为职业的工程技术人员和其他专业（如经济、管理）人员的统称。

国际上对咨询工程师的理解与我国习惯上的理解有很大不同。按国际上的理解，我国的建筑师、结构工程师、各种专业设备工程师、监理工程师、造价工程师、从事工程招标业务的专业人员等都属于咨询工程师，甚至从事工程咨询业务有关工作（如处理索赔时可能需要审查承包商的财务账簿和财务记录）的审计师、会计师也属于咨询工程师之列。因此，不要把咨询工程师理解为"从事咨询工作的工程师"。也许是出于以上原因，1990 年国际咨询工程师联合会（FIDIC）在其出版的《业主/咨询工程师标准服务协议书条件》（简称"白皮书"）中已用"Consultant"取代了"Consulting Engineer"。"Consultant"一词可译为咨询人员或咨询专家，但我国对"白皮书"的翻译仍按原习惯译为咨询工程师。

另外，需要说明的是，由于绝大多数咨询工程师都是以公司的形式开展工作，所以，咨询工程师一词在很多场合也指工程咨询公司。例如，从"白皮书"的名称来看，业主显然不是与咨询工程师个人而是与工程咨询公司签订合同；从工程咨询合同的具体条款来看，也有类似情况。因此，在阅读有关工程咨询的外文资料时，要注意鉴别咨询工程师一词的确切含义，应当说在大多数情况下不会产生歧义，但有时可能需要仔细琢磨才能准确把握其含义。

二、咨询工程师的素质要求

工程咨询是科学性、综合性、系统性、实践性均很强的职业。作为从事这一职业的主体，咨询工程师应具备以下素质才能胜任这一职业。

（1）知识面宽。建设工程自身的复杂程度及其不同的环境和背景，以及工程咨询公司服务内容的广泛性，要求咨询工程师具有较宽的知识面。除了掌握建设工程的专业技术知识外，还应熟悉与工程建设有关的经济、管理、金融和法律等方面的知识，对工程建设的管理过程有深入的了解，并熟悉项目融资、设备采购、招标等工作的具体运作和有关规定。

（2）精通业务。工程咨询公司的业务范围很宽，作为咨询工程师个人来说，不可能从事其公司所有业务范围内的工作。但是，每个咨询工程师都应有自己比较擅长的一个或多个业务领域，成为该领域的专家。对精通业务的要求，首先，意味着要具有实际动手能力。工程咨询业务的许多工作都需要实际操作，如工程设计、项目财务评价、技术经济分析等，不仅要会做，而且要做得对、做得好、做得快。其次，要具有丰富的工程实践经验。只有通过不断地实践经验积累，才能提高业务水平和熟练程度，才能总结经验、找出规律，指导今后的工程咨询工作。此外，在当今社会，计算机应用和外语已成为必要的工作技能，作为咨询工程师也应在这两方面具备一定的水平和能力。

（3）协调、管理能力强。工程咨询业务中有些工作并不是咨询工程师自己直接去做，而是组织、管理其他人员去做；不仅涉及与其公司各方面人员的协同工作，而且经常与客户、建设工程参与各方、政府部门、金融机构等发生联系，处理各种面临的问题。在这方面，需要的不是专业技术和理论知识，而是组织、协调和管理的能力。这表明咨询工程师不仅要是技术方面的专家，而且要成为组织、管理方面的专家。

（4）责任心强。咨询工程师的责任心首先表现在职业责任感和敬业精神，要通过自己的实际行动来维护个人、公司、职业的尊严和名誉；同时，咨询工程师还负有社会责任，即应在维护国家和社会公众利益的前提下为客户提供服务。

（5）不断进取，勇于开拓。当今世界，科学技术日新月异，经济发展一日千里，新思想、新理论、新技术、新产品、新方法等层出不穷，对工程咨询不断提出新的挑战。如果咨询工程师不能以积极的姿态面对这些挑战，终将被时代所淘汰。因此，咨询工程师必须及时更新知识，了解、熟悉乃至掌握与工程咨询相关领域的新进展；同时，要勇于开拓新的工程咨询领域（包括业务领域和地区领域），以适应客户的新需求，顺应工程咨询市场发展的趋势。

三、工程咨询的服务对象和内容

由于我国工程咨询服务的空间范围、专业领域和业务内容极其广泛，工程咨询服务的对象也相当广泛。这里主要介绍为出资人、项目业主和工程承包商的服务。

(一) 为投资项目的出资人（政府、贷款银行、国际金融组织）服务

1. 为政府投资服务

为政府投资服务的咨询服务一般是决策性质的，包括以下几方面：

（1）规划咨询。即规划研究、规划评估，重点研究综合、区域、专项发展规划，包含发展目标、发展战略、经济结构、产业政策、规模布局等。

（2）项目评估。以项目建议书和可行性研究评估为主，重点评价项目的目标、效益和风险。

（3）项目绩效评价。回顾项目实施的全过程，分析项目的绩效和影响，评价项目的目标实现程度，总结经验教训并提出对策建议等。

（4）项目后评价。通过项目投入运营后的评价，重点评价目标、效益和项目的可持续能力，总结经验教训。

（5）宏观政策咨询（宏观专题研究）。从宏观上研究涉及地区或行业发展目标、产业政策、经济结构、规模布局、可持续发展等问题的课题。

2. 为贷款银行服务

工程咨询单位为贷款银行服务，常见的形式是受银行的委托对申请贷款的项目进行评估。咨询公司的评估有利于帮助银行清理贷款项目，投资估算的准确性，并对项目的财务指标再次核算或进行敏感性分析，帮助分析项目投资的效益和风险。

3. 为国际组织出资人服务

一种是咨询机构或个人以本地专家的身份，受聘参与在华贷款及相关的技术援助；另一种是投标参与国际金融组织在其他国家和地区的贷款及技术援助项目的咨询服务。通常以咨询公司名义和以个人咨询专家名义两种方式参与项目。

4. 为企业及其他出资人服务

随着我国市场经济的发展和成熟，国有企业、民营投资者、国外投资者大量出现，扩大了工程咨询的服务对象和服务内容。对于不同的出资人，咨询服务的内容、重点和深度也应有所不同。

(二) 为项目业主服务

当为项目业主提供咨询服务时，工程咨询公司常被称为该项目的业主工程师，它是工程咨询公司承担咨询服务的最基本、最广泛的形式之一。业主工程师的基本职能是提供工程所需的技术咨询服务，或者代表业主对设计、施工中的质量、进度、造价等方面的工作进行监督和管理。业主工程师所承担的业务范围既可以是全过程服务、阶段性咨询服务，也可以为承包工程服务，见表9-1。

表9-1　　　　　　业主工程师咨询服务范围、内容及特点

服务范围	服务内容	服务特点	备注
全过程服务	项目规划研究，投资机会研究，项目建议，可行性研究，勘察设计，招标和评标项目的服务、合同谈判，合同管理，施工管理，生产准备，验收试运行，总结评价	咨询工程师接受业主全盘委托，并陆续将工作成果提交业主审查	咨询工程师不仅受聘于业主，而且代行了业主的部分职责

续表

服务范围	服务内容	服务特点	备 注
阶段性咨询服务	对项目的某一阶段或某项具体工作提供咨询服务	只完成整个咨询任务的一部分（如项目可行性研究等）	业主可以在一个工程项目中委托不止一个咨询公司来承担工作，可根据不同阶段的需要，分别委托不同的咨询公司提供服务
承包工程服务	与设备供应商或施工承包商联合投标，共同完成项目建设任务	承担项目的主要责任与风险	此类服务逐渐成为国际上大型工程公司拓展业务的趋势

（三）为承包商服务

当为承包商服务时，如果承包商和工程咨询公司联合参与工程投标，这时工程咨询公司是作为投标者的设计分包商为之提供技术服务，咨询合同只在咨询公司和承包商之间签订。

咨询公司分包工艺系统设计、生产流程设计以及不属于承包商制造的设备选型与成套任务，编制设备材料清册、工作进度计划等，有时还要协助澄清有关技术问题；如果承包商以项目交钥匙的方式总承包工程，咨询公司还要承担土建工程设计、安装工程设计，并且协助承包商编制成本估算、投标估价，同时帮助编制现场组织机构网络图、施工进度计划和设备安装计划，参与设备的检验与验收，参加整套系统调试、试生产等。

思 考 题

9-1 简述 CM 模式的基本概念。

9-2 简述 CM 模式包含的种类。

9-3 简述 PM 和 PC 模式的基本概念。

9-4 简述 Partnering 模式的基本概念。

参 考 文 献

[1] 刘尹生. 建设工程监理概论 [M]. 北京：中国建筑工业出版社，2021.
[2] 荣世立. 建设项目工程总承包管理规范 [M]. 北京：中国建筑工业出版社，2017.
[3] 王雪青. 工程项目组织与管理 [M]. 北京：中国统计出版社，2020.

责任编辑　范钦倩

2025

全国监理工程师（水利工程）学习丛书

- 建设工程监理概论（水利工程）
- 建设工程质量控制（水利工程）
- 建设工程进度控制（水利工程）
- 建设工程投资控制（水利工程）
- 建设工程监理案例分析（水利工程）
- 水利工程建设安全生产管理
- 水土保持监理实务
- 水利工程建设环境保护监理实务
- 水利工程金属结构及机电设备制造与安装监理实务

微信号：Waterpub-Pro

唯一官方微信服务平台

销售分类：水利水电工程

ISBN 978-7-5226-3094-6

定价：46.00元